U0009841

賽雷 著

看漫畫學經典

孫子兵法 上

作戰·謀攻·軍形·兵勢

孫武是春秋末期齊國人，祖上姓過嬀(ㄍㄨㄟ)、田二姓，在他祖父田書這一代，因為討伐莒國有功，被齊景公賜姓孫。

而後，因為齊國爆發內亂，孫武為了避禍逃出齊國。經過長途跋涉，他來到吳國。在吳國期間，孫武潛心鑽研兵法，完成兵法十三篇。

在他的好友伍子胥的引薦下，孫武帶著自己所著的兵法書，面見吳王闔閭。

看過孫武的兵書後，吳王大開眼界，驚嘆連連。

這些兵法！

太震撼了！
寡人撿到寶了！

闔閭

相傳，吳王為了想知道這些兵法理論的實際成效如何，就想出一個難題考驗孫武，他把自己的兩位寵妾和一百八十名宮女交給孫武，要他把她們訓練成戰士。

你要是能將這些女眷訓練成士兵，就算你厲害！

大王放心，我一定不負所望！

我怎麼有種不祥的預感……

孫武將這一百八十名宮女分為兩隊，分別以吳王的兩位寵妾為隊長，並且每一個人都分發了武器。

接著，孫武向眾人下達操練的口令及紀律。然而，當孫武下令操練時，女兵卻都漫不經心的打鬧，像是在玩遊戲一樣。

孫武見狀，並不生氣，而是將錯誤歸結到自己身上。

於是他又重申一遍號令，還親自向女兵們示範，確保大家都明白他的指令。

隨後，孫武再次下令演練，但女兵們依然不按號令行動，吳王的兩位寵妾更是不把孫武放在眼裡，一直嘻笑吵鬧。

於是，他下令直接將兩隊隊長，也就是吳王的寵妾斬殺，以正軍法。吳王本來看得正起勁，突然聽到孫武要殺了自己的寵妾，急忙向孫武求情。

孫武根本不為所動，堅持殺了那兩位寵妾。之後，他重新任命兩位隊長，開始新一輪的操練。

寡人的愛妾啊！

你們清楚我的號令了嗎？

殺雞儆猴後，不論孫武下什麼指令，大家都認認真真地完成，再也沒有人敢把演練當兒戲。

立正！

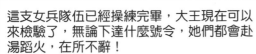

這支女兵隊伍已經操練完畢，大王現在可以來檢驗了，無論下達什麼號令，她們都會赴湯蹈火，在所不辭！

經此一事，吳王確認孫武是言出必行的人，正式拜他為將。

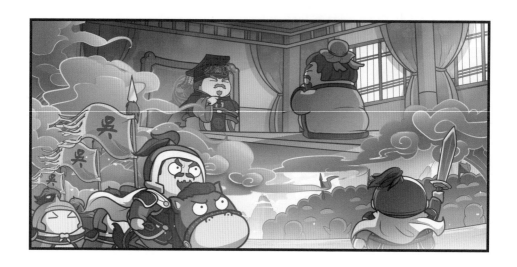

　　幾年後，吳國和強大的楚國爆發戰爭，孫武在柏舉之戰中，指揮吳國三萬人的軍隊千里奔襲，五戰五勝，打敗楚國二十萬大軍，最終直搗楚國國都，創下軍事史上以少勝多，而且還是速勝的奇蹟！為吳國立下赫赫戰功。

後來，因為至交伍子胥之死，孫武不再為吳國效力，而是歸隱山林，潛心研究兵法。

他的著作《孫子兵法》，為後世兵法家推崇，被譽為「兵學聖典」，是《武經七書》*之首。

● 編按：為七部武學著作合纂，被視為武學必讀經典，分別為《孫子兵法》、《吳子兵法》、《司馬法》、《黃石公三略》、《尉繚子》、《六韜》、《唐太宗李衛公問對》。

《孫子兵法》在中國軍事史上占有極重要的地位，也被廣泛運用在政治、經濟、軍事、文化等領域。

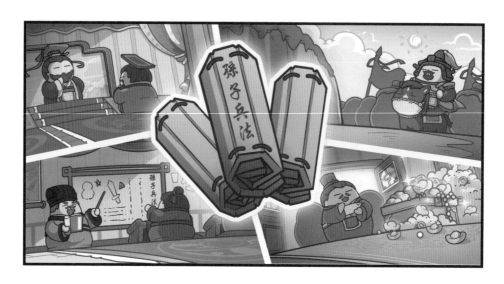

　　《孫子兵法》全書共計五千多字，分為十三篇：始計、作戰、謀攻、軍形、兵勢、虛實、軍爭、九變、行軍、地形、九地、火攻、用間。

　　本書主要包含前六篇的內容。

講述了戰爭論、治軍論、制勝論等多面向的法則。

孫武強調戰爭勝負不取決於鬼神之說，而是與政治清明、經濟發展、外交攻防、軍事實力、自然條件等因素息息相關。要懂得充分利用這些優勢，才能取得勝利。

憑藉卓越的軍事思想及輝煌的軍事成就，再加上《孫子兵法》這部劃時代的巨作，孫武得以青史留名，被後世譽為「兵聖」。

始計篇

原文

孫子曰：兵者，國之大事，死生之地，存亡之道，不可不察也。

白話

孫子說：戰爭是國家大事，關乎百姓生死、國家存亡，不能不認真考察、研究。

故經之以五事，校之以計，而索其情：一曰道，二曰天，三曰地，四曰將，五曰法。

道者，令民與上同意也，故可與之死，可與生，而不畏危。天者，陰陽、寒暑、時制也。地者，遠近、險易、廣狹、死生也。將者，智、信、仁、勇、嚴也。法者曲制、官道、主用也。凡此五者，將莫不聞，知之者勝，不知者不勝。

故校之以計而索其情曰：主孰有道？將孰有能？天地孰得？法令孰行？兵眾孰強？士卒孰練？賞罰孰明？吾以此知勝負矣。

將聽吾計，用之必勝，留之；將不聽吾計，用之必敗，去之。

白話

因此，要透過以下五個方面，分析、比較敵我雙方的情況，認清戰爭的形勢：一是道，二是天，三是地，四是將，五是法。

所謂「道」，是指讓百姓和國君同心同德，步調一致，這樣民眾就會和國君同生共死，而不懼怕任何危難。

所謂「天」，是指晝夜、陰晴、寒暑、四時等氣候、季節方面的自然條件。

所謂「地」，是指戰場位置是遠還是近，戰場地勢是險峻還是平坦，作戰區域是開闊還是狹窄，以及作戰環境是否有利於攻守進退。

所謂「將」，是指將領應具備的智謀、威信、仁愛、勇猛、嚴明等特質。

所謂「法」，是指軍隊的組織編制、將吏的職責管理、軍需物資的掌管使用。

上述五個方面，做將領的不能不知道，了解他們就能取勝，反之則無法取勝。

所以，想要比較敵我雙方的情況，並認清戰爭的形勢，就要研究清楚

以下問題：哪一方的國君主政賢能？哪一方的將領指揮高明？哪一方占有天時地利？哪一方能夠貫徹軍規法令？哪一方裝備優越、實力強大？哪一方士兵訓練有素？哪一方賞罰公正嚴明？我根據以上問題分析對比，就可以預知誰勝誰負。

如果領兵者聽從我的分析，他用兵打仗必然取勝，我就留下他。如果領兵者不聽從我的分析，他用兵打仗必然失敗，我就辭退他。

原文

計利以聽，乃為之勢，以佐其外。勢者，因利而制權也，兵者，詭道也。

故能而示之不能，用而示之不用；近而示之遠，遠而示之近。利而誘之，亂而取之；實而備之，強而避之。怒而撓之，卑而驕之；佚而勞之，親而離之。攻其無備，出其不意。此兵家之勝，不可先傳也。

白話

有利的戰略決策一經採納，就要為之創造有利的「態勢」，作為輔助軍事行動的外部條件。

所謂「勢」，就是要根據有利條件而採取相應的措施，順應複雜多

變的戰場情勢，而用兵打仗，是一種詭詐之術。能打卻假裝不能打；想打卻裝作不想打；要打近處卻假裝要打遠處，要打遠處卻裝作要打近處。

敵人貪圖利益，就用利益引誘他；敵人陷入慌亂，就趁機攻克他；敵人實力雄厚，就嚴加防備；敵人兵強氣銳，就暫時躲避。

敵將易怒暴躁，就設法撩撥他；敵將自感卑弱，行事過於小心謹慎，就設法使他驕橫；敵人休息充分，就設法讓他疲勞；敵人內部和睦，就設法離間。攻擊敵人沒有防備之處，在敵人意想不到之時出擊。

這是軍事指揮家制勝的奧祕所在，不可事先洩漏出去。

原文

夫未戰而廟算勝者，得算多也；未戰而廟算不勝者，得算少也。多算勝，少算不勝，而況於無算乎？吾以此觀之，勝負見矣。

白話

作戰之前，能在朝廷之上預測取勝，是基於籌畫縝密，獲取勝利的條件充足；作戰之前，在朝廷之上預測無法得勝，是因為籌畫不周，缺少獲取勝利的條件。

所以籌畫縝密且具備條件就能獲勝；籌畫不全面且沒有足夠條件，就不能取勝，更別說那些戰前就不籌畫的了。

我據此觀察，就可以判斷誰勝誰負了。

【經典戰役】吳王夫差 vs. 越王勾踐爭霸戰

　　春秋時期，長江中下游一帶有兩個南北相鄰的諸侯國——吳國和越國。

　　從地理位置看，吳國想北上爭霸中原，就要先除掉越國，解決身後的威脅；而越國想北進中原，就必須先征服吳國，打通北上的通道。

　　因此，吳越兩國雖然是鄰居，關係卻水火不容，經常一言不合就開戰，久而久之打成了世仇。

衝啊！

殺啊！

等著瞧吧，勝利是屬於我們吳國的！

你想得真美！戰爭還沒結束呢！

然而，對吳國來說，除了越國以外，還有一個敵人——楚國。

吳楚兩國為了爭奪區域霸權，在長時間中征戰不斷。本來雙方還算勢均力敵，甚至楚國從國力上來看更強，但自從吳王闔閭上位後，出現一連串的巨大轉折。

吳國怎麼突然發光了，好刺眼！

這一切要從一個叫伍奢的楚國人說起。

　　伍奢擔任楚國的太子太傅，也就是太子的老師。但楚國太子並不只有一個老師，他還有一個太子少師，叫費無忌。
　　因為費無忌的才學、人品都比不上伍奢，所以太子和伍奢很親密，比較冷落費無忌。

伍奢

老師，剛才我沒有聽懂，您能再講一遍給我聽嗎？

費無忌心生妒忌，便設計陷害太子。伍奢受牽連被抓。這時，費無忌又向國君楚平王進讒言，以伍奢為人質，誘捕伍奢的兒子伍尚和伍員。

> 伍奢的兩個兒子伍尚和伍員都有大才，如果放過他們，他們日後必成楚國的禍患，不如以伍奢為人質，召他們過來，一把抓住他們。

> 這種事情你決定就好。

楚平王派使者前去召伍尚和伍員，若他們乖乖就範，就放了他們的父親。伍尚和伍員一眼看出是陷阱，但二人性格截然不同，做出了相反的決定。

伍尚孝順仁厚，只要能救父親，縱使只有一線希望也想試試，於是他選擇束手就擒。

> 哥哥，別去！

> 我知道，可是父親在那裡。

伍員性情剛直，他選擇忍辱負重留下性命，以後再報仇雪恨。於是他拉開弓箭嚇唬使者，趁機逃走。

　　最終伍奢和伍尚被害，伍員在經過一段顛沛流離的逃亡後，投奔了楚國的敵人——吳國，想借助吳國的力量報仇。

伍子胥的到來已經讓吳王很高興了，但重量級的「大禮」還在後面！
伍子胥向闔閭引薦了自己的至交——孫武。

沒錯，就是《孫子兵法》的作者——兵聖孫武！

孫武是齊國人，之前一直隱居不出，鑽研兵法，修撰兵書，經伍子胥
引薦後，他向吳王進獻自己所寫的《孫子兵法》。吳王連連讚嘆，隨後拜
孫武為將軍。

孫將軍是個人才！

在孫武和伍子胥的輔佐下，吳國的軍事實力迅速提升，先後滅掉了歸附楚國的兩個小國：徐國和鍾吾國，兵鋒直指楚國。

下一個就是你了，
洗乾淨脖子等著吧！

就在闔閭想趁勢攻楚時，孫武勸阻了他。

楚國是天下強國，不是徐國和鍾吾國能比的。

我軍連滅兩國，兵馬疲憊，如今應該養精蓄銳，等待良機再出兵。

那現在怎麼辦？

我們不妨做做樣子，用一部分軍隊去騷擾楚軍，他們不知虛實，必然重兵防守，這時我軍再退回來讓他們撲空。

這樣來回幾次後，楚軍必然疲憊不堪，到時我們就可以全軍出擊了。

於是，吳軍在各處持續騷擾楚軍達六年之久。楚軍疲於奔命，軍事物資被大量消耗，國力變得十分空虛。

之後又發生大事，在蔡國的鼓動下，楚國周圍的幾個小國舉行會盟，共同反對楚國。楚王聞訊大怒，從國內發兵圍攻蔡國。

吳國出兵楚國的時機終於來了。吳王闔閭親自掛帥，帶上伍子胥和孫武，傾全國三萬水陸之師，乘坐戰船溯淮河而上，破解楚國對蔡國的圍困，隨後西進，準備攻打楚國本土。

行軍到一半，孫武卻突然決定捨棄戰船，進行登陸。伍子胥不明白孫武的葫蘆裡賣的是什麼藥，就問他為什麼要這麼做。

吳軍擅長水戰，我們為什麼要捨舟登岸，長途奔襲呢？

所謂兵貴神速，要走出乎敵人意料的路，才能打一個措手不及。我們現在是逆水行舟，速度太慢，要是等到楚軍加強防備，再想攻破他們就難了。

就這樣，孫武挑選了三千五百名精銳作為先鋒，迅速且祕密地來到漢水東岸，直入楚軍腹地。

看到吳軍天降神兵般地出現，楚昭王立刻慌了。但楚將子常認為，楚軍主力足足有二十萬，而吳軍的先鋒部隊人那麼少，應該一口氣打敗他們。

楚將子常貪功冒進，不等其他部隊包抄夾擊，就急匆匆地發動進攻。吳軍先鋒部隊早有對策，果斷假裝逃跑。

子常果然上當，一路追擊，最終被引誘進了包圍圈。吳軍大部隊以逸待勞，把楚軍殺得大敗而逃。

隨後，子常在柏舉重新列陣，準備和吳軍再戰，但此時楚軍士氣低落，已是不堪一擊。

吳王闔閭的弟弟夫概只率五千人襲擊，就把敵方殺得片甲不留，楚軍落荒而逃。

楚軍一路逃，吳軍一路追，很快就打到了楚國的都城郢ᶻ都。楚昭王聞訊，帶著親信倉皇出逃。郢都沒多久就被攻下了。

進入楚國都城後，伍子胥在仇恨的驅使下，挖出當年害他父親和兄長的楚平王的屍骨，對其鞭屍。

這件事間接導致了一連串連鎖反應：伍子胥在楚國的昔日好友申包胥，指責他報仇的方式過激，雙方大吵一架。

後來，申包胥為了幫楚國復國，跑到秦國請求幫助。秦國本不想蹚渾水，但申包胥在秦國都城的牆外哭了整整七天七夜，秦國君臣上下都被他感動了，答應幫楚國復國，史稱「秦庭之哭」。

秦國大軍出兵後，與殘存的楚軍會合，打敗了夫概率領的吳軍。夫概吃了敗仗，畏罪不敢見哥哥闔閭，竟然帶兵逃跑，自立為王了。

一國不容二君，闔閭立即率軍攻打夫概。一番火拼後，吳王闔閭平叛成功。

吳國出了這麼多事，讓世仇越國按捺不住。越王允常偷襲吳國的國都姑蘇。

又是大軍在外，又是兄弟內鬥，此時不打更待何時？

可惡！來陰的是吧！

得知被偷襲的闔閭趕忙率軍回救。允常也知道吳軍實力更強，正面硬碰硬打不過，於是在城中洗劫一番後就撤退了。

嘿嘿，謝謝款待！

允常

越王允常病死後，他的兒子勾踐繼位。趁此良機，闔閭立刻親率吳國大軍攻打越國，雙方在檇李展開了一場大戰。

勾踐看吳軍陣勢嚴整，多次派敢死隊上去衝陣，都被擊退。危急之下，勾踐使出了一個狠招：他迫使犯死罪的囚犯排成三列，持劍走到吳軍陣前，舉劍自殺，直接把吳軍看呆了。

趁著吳軍發愣的間隙，越軍火速發起進攻。倉促應戰的吳軍被殺得大敗，連吳王闔閭都被越國大將靈姑浮斬斷腳趾，身受重傷。

在吳軍敗退途中，闔閭因傷勢過重不治身亡，臨終前，他把王位傳給了兒子夫差，並叮囑夫差不要忘記大仇。

夫差繼位後,為報殺父之仇,日夜練兵,毫不懈怠。他專門找人站在庭院中,每次他出入經過,那人就會提醒他殺父之仇還沒報。

勾踐聽說夫差一直在整軍備戰,決定先下手為強,在吳國發兵之前主動進攻。

大夫范蠡 勸諫勾踐別衝動,但勾踐沒有聽,一意孤行出兵伐吳。

夫差聽聞敵軍殺來，立刻派出所有吳軍精銳，水陸兩軍並進，在夫椒與越軍決一死戰。

經過三年的富國強兵，吳國實力大增，不僅把越軍打得落花流水，還乘勝追擊，直搗越國首都會ㄏㄨㄟˋ稽ㄐㄧ。

勾踐率領五千殘兵逃到了會稽山，但又被吳軍團團包圍，眼看就要守不住了，這時，范蠡向勾踐建議先向吳國屈膝求和，保住性命，等待機會東山再起。

於是，勾踐派大夫文種去見夫差，表示自己願意攜妻帶子入吳為臣。

夫差本打算同意，但伍子胥卻極力反對，認為應該滅了越國，以絕後患。

哦，妻子嘛，要不就……

不可！

大王，越國人心險惡，十分卑鄙，一定沒有好心，還是把他們滅了！

嗯，有道理。

求和計謀被伍子胥破壞了，文種只好另想辦法，他用重金和美女賄賂了吳國的太宰伯嚭。

伯嚭是個貪財好色之人，他拿到好處之後，向夫差進言，說和勾踐魚死網破沒什麼好處。

大人，您還滿意嗎？

伯嚭

滿意！滿意！

如果繼續進攻，勾踐必然會殺妻滅子、焚燒宮殿，

和我們拚個魚死網破，到時候我們也撈不到什麼好處了。

夫差聽了伯嚭的讒言，居然覺得很有道理，便接受了越國的請和，讓勾踐和范蠡到吳國為奴。

　　夫差命令勾踐為自己養馬，晚上住馬棚；白天夫差出行時，勾踐要牽馬駕車，小心翼翼地伺候。

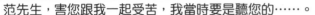

　　忍辱負重三年後，勾踐成功騙取了夫差的信任。夫差認為勾踐已經澈底臣服，不再具有威脅，便將他放回越國。

回國後，勾踐發誓一定要洗刷在吳國所受的屈辱，他在自己的屋裡掛了一只苦膽，每天睡覺、起床、吃飯前，都要嘗一嘗苦膽的滋味，以提醒自己不忘報仇。

三年！整整三年！你知道這三年我是怎麼過的嗎？！

過去這些日子可比你苦多了！

在《史記》等正史中，只記載了勾踐嘗膽的故事；但後世的許多文學作品，又補充了勾踐睡在柴堆、稻草上，讓自己免於安逸的說法——合在一起，就成了成語「臥薪嘗膽」。

在范蠡和文種的輔佐下，勾踐勵精圖治，發展農業、獎勵生育、補充兵源、整備軍隊……在勾踐的帶領下，整個越國上下一心，很快復甦並崛起。

對外，勾踐巧妙地隱藏了越國的實力和野心，他在修建城池的時候，故意把面對吳國方向的城牆建得殘破不堪，以此迷惑吳國。

勾踐知道夫差貪戀女色，還在民間選了兩個美女間諜——西施和鄭旦，送給夫差，以此消磨夫差的精力和意志。

在越國休養生息，累積實力時，夫差被蒙在了鼓裡，認為已無後顧之憂的他，決定揮師攻打齊、魯等國。

此時，伍子胥再次建議先剷除越國，但夫差仍不理會。

越國跟我們示好都來不及，我們拿下他們是小事！

現在應該乘勝追擊，一舉拿下齊、魯等國！

經過幾場大戰，吳國成功打敗陳、魯、齊三國，但連年征戰也大大損耗吳國的國力。伍子胥對此十分憂慮，還對兒子說吳國的末日就要到了。

我多次規勸大王，但大王不聽。

我現在已經看到吳國的末日了。

爹……。

誰知道，這話被伯嚭知道了，他立刻向夫差誣陷伍子胥有謀反之心。

夫差賜了伍子胥一把寶劍，命他自盡。悲憤的伍子胥留下遺言，讓家人在他死後把他的眼睛挖出來，掛在城門上，「親眼」見證越國軍隊滅掉吳國。

失去伍子胥這個智囊，吳國的末日果然很快就來了。夫差命太子友守國，自己親率大軍北上與晉國爭雄。勾踐抓住這個機會，兵分兩路攻打吳國。

勾踐命范蠡帶一部分兵力由海上逆入淮河，切斷吳軍主力的回援之路，掩護主力作戰，自己則親率主力部隊逆吳江而上，攻陷吳都姑蘇。

　　北上的吳軍回國來救時，因都城已經陷落，士氣無比低落，而且長途奔襲讓他們十分疲憊。

　　於是，夫差只好向勾踐請和。勾踐覺得吳軍主力尚存，萬一他們豁出性命死拚，自己也沒有必勝的把握，便同意了講和。

之後，吳國國內發生災荒，勾踐再次起兵伐吳，越軍與吳軍在笠澤隔江對峙。到了晚上，勾踐派出兩翼士兵，敲響戰鼓，製造出要渡江的假象。夫差果然上當，分兵防守。

　　此時，勾踐率領的中軍主力不聲不響地從中間偷偷渡江，突襲了吳國中軍，本來佯攻的左右兩翼越軍也趁機渡江，將吳軍打得措手不及，潰不成軍。

笠澤之戰後，吳越兩國的實力不可相比，吳國大片土地都落入越國之手，只能守著首都苟且偷生。

又準備了一段時間後，勾踐傾全國之力發動了滅吳戰爭。越軍包圍了吳都，吳國多次請和都被拒絕。最後，越軍終於攻破吳都，夫差被擒。

勾踐本想把夫差流放到甬ㄩ東，讓他在那裡終老，但夫差只說了一句話，隨後就揮劍自刎了。

　　夫差死了，吳國滅亡，勾踐以「不忠」為罪名誅殺奸臣伯嚭，隨後搬師越國。吳越兩國多年的恩怨，就這樣畫上了句號。

〈始計篇〉可以說是《孫子兵法》的一個梗概，指出戰爭是「國之大事，死生之地，存亡之道」，所以要認真考察、詳細分析「道、天、地、將、法」這五大因素，預測戰爭的形勢。

先看前三個因素：道、天、地。「天」就是「天時」。在戰爭中，它是天氣、氣候等環境因素。

最近魚販怎麼變多了？

提升一個層次來說，「天」可以指大環境、時代浪潮。

「地」就是「地利」。在戰爭中，戰場環境是非常重要的，熟悉地形、掌握地利的一方會占據最大優勢。

更高的層面來說，「地」可以指你所處的舞臺、領域、市場。它有多大、你是否熟悉它、它是否適合你……都會影響你的成敗。

正所謂「天時、地利、人和」，天時、地利都有了，「人和」對應的便是「道」。

「道」是決定戰爭勝敗最重要的因素，因此孫子把它放在第一位。

擴大來說「道」,是世間萬事萬物運行的規律。

而在戰爭的層面,孫子對「道」的解釋是「君民同心,不畏危難」。

君主要發動戰爭時,士兵和人民要了解並且認同自己是為何而戰。古代打仗講究「師出有名」,打仗要有合適的理由和目標,不能「興無名之師」。

吳越爭霸就是反映「道」有多重要的典型案例。

吳王，你忘了越王殺了你爸爸嗎？

吳王闔閭被越國大將砍傷後不治而亡，夫差一遍遍讓人提醒自己勿忘殺父之仇，吳國的臣民受到感染，也一股勁想要報仇。

忘？我怎敢忘？！

越王勾踐兵敗，在吳國當人質，受盡屈辱，但他回國後臥薪嘗膽，富國強兵，這時又輪到越國上下一心，誓要一雪前恥了。

從結果來看，在「道」的加持下，上下一心的吳國或越國，都在某一階段成了勝利的一方。

若提升一個層次來說，「道」反映一個國家或群體中，是否所有人都有共同的價值觀、共同的信念、共同的目標。

「得道多助，失道寡助」「得人心者得天下」，具備強大凝聚力，集體就能所向披靡，反之就容易失敗。

在「道、天、地」之後，是「將、法」這兩個相對比較靈活的因素。

將　　法

「將」就是將領。孫子認為，一個好將領應該兼備「智、信、仁、勇、嚴」這五個特質。

「智能發謀，信能賞罰，仁能附眾，勇能果斷，嚴能立威」。

沒錯，就是我孫武！

在這方面的最佳案例，就是孫子親自參與指揮的柏舉之戰，這是歷史上以少勝多且快速取勝的典範，吳軍僅憑三萬精兵，速勝擁有二十萬大軍的楚國。

孫子是怎麼做到這個壯舉呢？

他先花了整整六年時間養兵備戰，同時不斷騷擾楚國軍隊，讓對方一直處於疲勞、緊張的狀態，消磨對方的資源和意志。

當時機來到，他能準確判斷形勢，放棄戰船果斷出擊，不打吳軍最擅長的水戰，而是奔襲敵軍，讓楚軍措手不及。

之後以誘敵深入之計，殺得楚軍陣腳大亂。縱使楚軍人多勢眾，也如同倒塌的骨牌般，兵敗如山倒。

擴大來看，「將」不單單指戰爭中的將領，還可以是任何組織的領導者。

「火車跑得快，全靠車頭帶」，擁有優秀領導者的重要性，大家都明白了嗎？

「法」就是軍隊的組織編制、將吏職責的分工、軍需物資的管理使用。

延伸這個概念，「法」可以指你所在的整個系統的組織和運作。組織嚴密、分工明確的環境，能幫助每個人發揮特長。

《孫子兵法》不僅僅是談如何帶兵打仗，也包含許多為人處世之道。把書中的智慧融會貫通，運用到你的工作、學習、生活中，你一定會打開新世界的大門。

原文

　　孫子曰：凡用兵之法，馳車千駟，革車千乘，帶甲十萬。千里饋糧，則內外之費，賓客之用，膠漆之材，車甲之奉，日費千金，然後十萬之師舉矣。

白話

　　孫子說：凡用兵作戰，一般要動用戰車一千輛，輜重車一千輛，全副武裝的士兵十萬人。

　　還要千里迢迢運送糧草，並有前方、後方的軍費開支，招待使節、謀士的用度，製作和維修武器的材料費，各種戰車、盔甲的保養費用，每天都要耗費巨額的資金。做好了這些準備，十萬大軍才能出動。

原文

　　其用戰也勝，久則鈍兵挫銳，攻城則力屈，久暴師則國用不足。夫鈍兵挫銳，屈力殫貨，則諸侯乘其弊而起，雖有智者，不能善其後矣。故兵聞拙速，未睹巧之久也。夫兵久而國利者，未之有也。故不盡知用兵之害者，則不能盡知用兵之利也。

軍隊作戰要力爭速勝，否則時間長了軍隊疲憊、士氣受挫，一旦攻城，就會耗盡兵力；而且長期在外作戰，還會使國家財力承受很大的負擔。如果軍隊疲憊、士氣受挫、兵力折損、軍資耗盡，別的諸侯國就會趁火打劫，到那時候，即使再足智多謀的人，也無法挽回危局。

因此，在軍事上只聽說過因指揮笨拙而難以速勝的，沒見過指揮很高明巧妙卻陷入持久作戰的。也從來沒有發生過戰爭拖得很久，卻有利於國家的事。

因此，沒有真正了解用兵害處的人，也不可能真正了解用兵的好處。

原文

善用兵者，役不再籍，糧不三載；取用於國，因糧於敵，故軍食可足也。

國之貧於師者遠輸，遠輸則百姓貧；近於師者貴賣，貴賣則百姓財竭，財竭則急於丘役。力屈財殫，中原內虛於家，百姓之費，十去其七；公家之費，破車罷馬，甲冑矢弩，戟楯蔽櫓，丘牛大車，十去其六。

白話

善於用兵的人，不會多次按照名冊徵兵，也不會多次運送糧草。武器裝備由國內供應，糧草從敵人那裡奪取，就可以滿足作戰時的糧草需求了。

國家之所以因興兵而造成貧困，就在於糧草的長途運輸，長途運送糧草必然導致百姓貧窮。駐軍所在之地物價必定上漲，而物價上漲，就會使百姓財力枯竭，進而導致國家財力枯竭，迫使賦稅勞役加重。

民力耗盡、財力枯竭，國中就會家家空虛。百姓的資財會耗去十分之七；國家的資產也會由於戰車、馬匹的損耗，盔甲、箭矢、弓弩、槍戟、盾牌等武器裝備的折損，以及大牛和輜重車輛的徵集和調用，而耗去十分之六。

 **原文**

故智將務食於敵，食敵一鍾，當吾二十鍾；蒠ㄐ秆ㄍ一石ㄉ，當吾二十石。

 **白話**

所以，明智的將領總是力求從敵人那裡獲得補給。消耗敵人一鍾糧食，相當於從本國運送二十鍾糧食；消耗敵人一石草料，相當於從本國運送二十石草料。

 **原文**

故殺敵者，怒也；取敵之利者，貨也。故車戰，得車十乘ㄥ以上，賞其先得者，而更其旌ㄐ旗ㄑ。車雜而乘之，卒善而養之，是謂勝敵而益強。

將士之所以奮勇殺敵，是因為他們同仇敵愾；之所以勇於奪取敵人的軍需物資，是因為能獲得實質獎賞。

所以在車戰中，如果繳獲了敵人十輛以上的戰車，就應獎勵最先繳獲戰車的人，同時將繳獲的戰車上的旌旗換成我方的，使之混合編入我方戰車的隊伍之中。

對於俘虜的敵軍士兵，要予以優待撫慰，使他們歸順我方，這就是戰勝敵人的同時，也讓自己更加強大。

原文

故兵貴勝，不貴久。故知兵之將，民之司命，國家安危之主也。

白話

所以，戰爭以速勝為貴，不宜久拖不決。真正懂得用兵之道、深知用兵利害的將領，他們掌握著民眾的生死，也主宰國家的安危。

西元四世紀到五世紀之間，中國北方曾經歷一段分裂時期，史稱「五胡十六國」。當時，晉朝掌控江南地區，北方和西南地區則先後建立了二十多個國家，它們相互征伐，亂作一團，其中又以十六個國家實力較強，較具有代表性，故稱「十六國」。

　　經過一段時間的混戰，鮮卑族拓跋氏建立的北魏強勢崛起，占據大片土地。到了北魏太武帝拓跋燾繼位後，雄心勃勃的他非常想一統北方。

此時北方的其他勢力已經所剩無幾，南匈奴赫連氏建立的大夏，占據一部分西北地區。除了國都——統萬城，大夏手中還握有長安等戰略要地。因此，大夏成為北魏統一西北地區的最大障礙。

此時大夏發生一件事，大夏皇帝赫連勃勃想廢掉太子赫連璝，另立赫連倫為太子。

赫連璝聽說這件事後非常生氣，率軍攻打赫連倫的領地，把他殺了。結果，赫連勃勃的第三個兒子赫連昌又帶兵平叛，把赫連璝殺了。

歷經兒子相殘，身心俱疲的赫連勃勃第二年就死了。赫連昌繼位為帝，他剛登基沒多久，就派兵攻打鄰國西秦。

大夏老皇帝剛死，國內動盪，赫連昌就出兵他國，拓跋燾判斷這是千載難逢的好時機，立刻定下攻打大夏的計畫。

拓跋燾派兩路大軍分別攻打蒲坂和陝城，最終目標直指長安。之後，他又御駕親征，率兩萬輕騎襲擊大夏的國都統萬城。

統萬城內，赫連昌正在宴請群臣。聽聞拓跋燾率軍殺來，百官一片驚慌。赫連昌趕緊率大軍前去迎敵，兩軍在距離統萬城三十餘里的地方交鋒。

倉促應戰的大夏軍隊被北魏騎兵殺得慘敗，北魏軍一路燒殺擄掠，繳獲牛羊十餘萬隻，錢糧物資不計其數。

　　殘存的大夏軍隊倉皇逃回統萬城，堅守不出。

　　統萬城是大夏奴役十萬勞工，歷時六年才建成的，據史料記載，城牆「可礪刀斧」、「錐不能進」——能當磨刀石用、錐子都打不進去。

統萬城不只城牆刀槍不入，堅硬無比，還有護城河、護城壕、馬面、垛臺、鐵蒺藜等等組成的防禦系統，堪稱一座固若金湯的堅城。

拓跋燾嘗試攻城，卻沒占到什麼便宜，不過他並沒有執迷不悟。反正這次也學到攻城的經驗，就先撤退休整，等下次準備好了再來吧！

和攻打統萬城相比，另外兩路攻打長安的軍隊就順利多了。

首先是打陝城的軍隊：北魏軍還沒兵臨城下，大夏的守將曹達便嚇破了膽，直接棄城逃跑；北魏軍兵不血刃拿下了城池，長驅直入。

攻打蒲坂的軍隊進展更是戲劇化：蒲坂的守將赫連乙斗聽說北魏軍來攻，立即派出使者向首都求援，結果使者到了統萬城附近，剛好看到拓跋燾在攻城。

只敢遠遠觀望的使者，看到統萬城被團團包圍，又聽到震天的喊殺聲，就以為統萬城自身難保，無法回應蒲坂的軍援。

在使者回覆狀況後，赫連乙斗大驚，於是他也棄城，跑到了長安。

連首都都要淪陷了，再不跑我這小命也不保了！

到了長安，赫連乙斗不好意思說自己不戰而逃，於是向長安的守將赫連助興添油加醋地描述了北魏軍的情況。

他們每個人的胳膊都有一個我那麼粗！一個人能打我們十個人！

聽完赫連乙斗的說詞，赫連助興決定棄城開溜，最終兩人向西一路狂奔，逃到安定城。

就這樣，北魏軍幾乎不費吹灰之力就奪得長安。

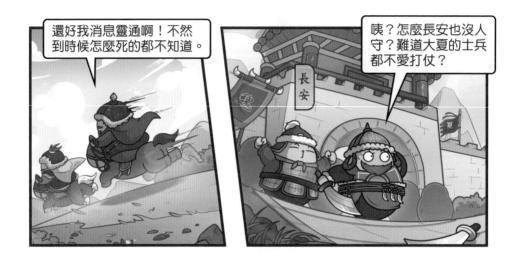

赫連昌怎麼可能吞的下這口氣？隨著攻打西秦的大軍班師回國，他立刻派自己的弟弟赫連定帶兵奪回長安。

拓跋燾見大夏分兵攻打長安，覺得這是再次攻打統萬城的好時機，於是下令採石伐木，製造攻城器械。

完成攻城準備後，拓跋燾親率大軍再次殺往統萬城。

大軍抵達拔鄰山，距離統萬城還有數百里時，拓跋燾突然下了個奇怪的命令。

這讓部屬們都很困惑，因為攻城並不是騎兵的長項，步兵才是攻堅主力，攻城器械更是關鍵。

等到了統萬城下，拓跋燾按照計畫把主力隱藏起來，只派了小部隊去引誘赫連昌出戰，但對方不為所動。

原來赫連昌想讓攻打長安的赫連定回來，等援軍到了再出擊。

然而，赫連定派人告訴赫連昌，統萬城固若金湯，大魏軍一時半會兒打不下來，等奪回長安後再回軍兩面夾擊，一定能大敗北魏軍。

赫連昌認為有理，決定繼續堅守不出。

為了誘敵出戰，拓跋燾又只派出五千餘人，騷擾、搶掠大夏周邊的臣民，赫連昌依舊不理不睬。

最後，拓跋燾使出了詐降之計，他派人假裝畏罪潛逃到大夏，半真半假地謊報軍情。

經過偵察，赫連昌知道對方確實沒有帶步兵、輜重，於是他採信間諜的話，忍不住出城迎敵，想一口氣抓住拓跋燾。

拓跋燾見赫連昌上當，立即率眾假裝向西北逃跑，誘敵深入。大夏軍隊跟在後面猛追。

就這樣跑了一段路，天氣驟變，颳起了東南風，戰場一片飛沙走石。此時大夏軍是順風作戰，北魏軍是逆風作戰，形勢對北魏軍十分不利。

有人勸拓跋燾收兵，改日再戰，但他豈肯放棄這好不容易得來的決戰？他身先士卒，奮勇向前，一度從戰馬上摔下再爬起來繼續戰鬥。
北魏將士深受鼓舞，紛紛拚命殺敵，很快就把大夏軍殺得潰不成軍。

大夏軍敗逃時，拓跋燾又充分利用騎兵的優勢，繞到敵人背後切斷退路。

退路被切斷的赫連昌無法返回統萬城，只好放棄首都逃往上邽，統萬城就這樣落入拓跋燾手中。

進入城中，拓跋燾看到富麗堂皇的大夏皇宮，忍不住大罵了一番。

之後有大臣向拓跋燾提出重修統萬城，但他拒絕了。

在這場歷史上十分罕見的騎兵攻城戰後，大夏大勢已去，沒多久就滅亡了。北魏下一個目標對準了北方的遊牧民族國家——柔然。

北魏與柔然的恩怨，早在拓拔燾還是太子時就結下。他曾遠赴河套抵禦柔然入侵，還把邊塞的軍務整頓得井井有條。

等到拓跋燾繼承皇位後，柔然可汗郁久閭大檀就趁火打劫，率領六萬騎兵攻入雲中，大肆燒殺擄掠。

當時十六歲的拓跋燾聞訊，決定親率兩萬精銳騎兵去雲中救援，大臣們和太后都覺得這樣太過冒險，但拓跋燾表示自己從小就和柔然對抗，深知柔然的戰法，所以力排眾議，即刻出發。

到了雲中，柔然仗著人多勢眾，將拓跋燾的人馬團團包圍，但拓跋燾臨危不懼、神態自若，北魏將士被他的身先士卒所感染，紛紛向前拼殺。

其實拓跋燾早就看準了柔然軍雖然人多，但戰鬥意志比較弱，不及北魏軍勇猛，只要一鼓作氣衝垮他們，他們就會兵敗如山倒。

之後的形勢果然如他所料，柔然的兩員大將在進攻時都被擊退，還有一員大將被射殺，柔然軍瞬間陣腳大亂，四散而逃。

隔年，拓跋濤再度發動攻勢。他將大軍兵分五路，直搗柔然老巢！

行軍到蒙古高原的沙漠地帶時，拓跋燾決定：捨棄輜重，以騎兵出擊。北魏騎兵攜帶十五日的口糧一路疾行，以迅雷不及掩耳之勢穿過了沙漠。

見到北魏軍隊如天降神兵般出現，郁久閭大檀大驚失色，連抵抗的心都沒有，直接跑路了，北魏暫時解除來自北方柔然的威脅。

就在北魏轉頭攻打大夏統萬城時，柔然再度趁亂出兵，派騎兵劫掠北魏的邊境地區。

現在，拓跋燾打下了統萬城，準備找柔然算帳了。但許多大臣都擔心南方的劉宋政權會趁機來攻，拓跋燾一時也拿不定主意。

拓跋燾聽完連連點頭，隨即點兵東西兩路大軍，自己率東路軍，司徒長孫翰率西路軍，準備合擊柔然王庭。

沒過多久，拓跋燾率領的東路軍又到了沙漠地帶，他再次下令捨棄輜重，輕騎快馬，長途奔襲。

面對突然出現的北魏騎兵，還在放牧的柔然人毫無防備且十分驚懼，瞬間鳥獸散。

郁久閭大檀看到自己的軍隊根本無法集結抵抗，只好下令焚毀房屋後撤退。

郁久閭大檀的弟弟郁久閭匹黎先，聽說哥哥敗退，馬上帶領自己的部隊去救援。但拓跋燾算到了這一點，讓長孫翰的西路軍在柔然軍行進路線上嚴陣以待。郁久閭匹黎先的部隊被半路截擊，死傷無數。

之後，拓跋燾讓大軍在東西五千里、南北三千里的範圍進行分散搜索，一邊奪取牛羊、糧草等戰利品，一邊準備把柔然殘軍趕盡殺絕。

沿途經過許多依附柔然的小部落，他們看到柔然不行了，也樹倒猢猻散，紛紛倒向北魏。

郁久閭大檀遭此一敗，很快就鬱鬱而終，他的兒子郁久閭吳提繼位，柔然進入了一段衰落期。

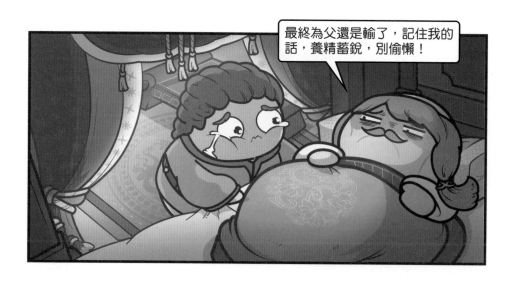

北魏接收了柔然和周邊部落數十萬投降軍民，拓跋燾將他們安置在漠南，讓他們從遊牧生活改為農耕生活，每年向北魏朝貢。

之後，拓跋燾帶領北魏軍滅掉北燕、北涼等國，逐漸統一北方。
北魏政權由此與南方的劉宋政權並立，形成了南北朝對峙的局面。

在〈作戰篇〉中，孫子指出發動戰爭前，必須做好萬全的準備後再出征：「馳車千駟，革車千乘，帶甲十萬。千里饋糧……然後十萬之師舉矣。」

不過，即使做了充足準備，作戰的理想狀態也是速勝，不使用戰前準備好的大量資源：「久則鈍兵挫銳，攻城則力屈，久暴師則國用不足。」

打仗時，如果曠日持久地拖下去，軍隊疲憊、士氣低落、糧草不足，就很容易導致失敗。

不過，既然追求速勝以避免消耗資源，又為什麼還要大費周章地準備那麼久、那麼多呢？這不是有點矛盾嗎？

但其實不該這麼說，因為兵無常勢、勝負難料，因此在戰爭開始前，要做最壞的打算、最全面的準備。
一旦開戰後，就該運用謀略，爭取以最小的代價獲得最大的戰果。

北魏攻打大夏的統萬城時，就是運用這個概念的經典案例。

拓跋燾在第二次去攻打統萬城之前，下令廣造攻城器械、備足糧草輜重。

這是做了打攻堅戰、打惡仗的準備。

但在採取軍事行動後，他又想到了更好的速勝方案，所以將攻城器械和輜重留下。

他別出心裁地用騎兵示敵以弱，誘敵出戰，最終抓住機會一舉滅敵。

北魏攻打柔然時，也是兵分數路，準備跟敵人硬碰硬。

但行軍到沙漠地帶，拓跋燾就丟掉輜重，快馬奔襲，殺得對方措手不及，以消耗更少資源的方式取得了勝利。

回到我們的生活中也一樣唷！當我們想要執行某件事情時，要盡量全面地考慮可能出現的情況，這樣即使最糟糕的情況出現，也會有應對方法。

所以，從一開始規畫時，應該要充分的調查、研究，然後擬訂計畫。

不過，在執行階段時，則要保留彈性，依據實際狀況做出調整。當發現有更好的機會或方法出現，不要固執地抓著原本的做法，而是該把握時機，更快更好的完成想要做的事情。

你有想要完成的事嗎？讀書計畫或運動計畫等等，試著套用孫子的說法實踐吧！

除了詳細說明持久戰、消耗戰的缺點，孫子還在〈作戰篇〉中提出了「智將務食於敵」的觀點：能從敵人那裡得到一份糧草，就相當於自己生產了二十份糧草！

拓跋燾帶領北魏軍南征北討時，也運用了這個概念。

「務食於敵」思想的核心，其實就是四個字——此消彼長。

以競技體育為例，你得一分或者對手扣一分，產生的差值都是一；但如果把對手這一分給你，產生的差距就是二。

了解這個概念後，面對事情的態度便能游刃有餘，當你遇到困難時，除了讓自己變強大去戰勝它，也可以想辦法降低它的難度，甚至把它的一部分轉化為對自己有利的條件。

　　總而言之，「兵貴勝，不貴久」：做事前首先要做好萬全準備，但也要能隨機應變，抓住機會，在不斷變化的形勢中，學會放大優勢，縮小劣勢，就可以一鼓作氣取得成功。

原文

孫子曰：凡用兵之法，全國為上，破國次之；全軍為上，破軍次之；全旅為上，破旅次之；全卒為上，破卒次之；全伍為上，破伍次之。是故百戰百勝，非善之善者也；不戰而屈人之兵，善之善者也。

白話

孫子說：戰爭用兵之法，使敵人全國降服是上策，以武力攻破敵國則是次一等；使敵人全軍降服是上策，打敗敵人的軍隊則是次一等；使敵人全旅降服是上策，擊破敵人全旅則是一等；使敵人全卒降服是上策，打敗敵人的卒則是次一等；使敵人全伍降服是上策，擊破敵人的伍則是次一等。

因此，百戰百勝，不算是最好的，不經交戰就讓對方屈服才是最高明的。

原文

故上兵伐謀，其次伐交，其次伐兵，其下攻城。攻城之法，為不得已。修櫓轒轀，具器械，三月而後成；距闉，又三月而後已。將不勝其忿，而蟻附之，殺士卒三分之一，而城不拔

者，此攻之災也。

　　所以最好的用兵策略是以謀略取勝，其次是以外交手段挫敵，再其次是出動軍隊攻敵取勝，最下策才是攻城。

　　攻城是萬不得已時才使用的手段。製造、準備各種攻城器械，需要花數月時間，而構築攻城的土山，又要再花數月時間。

　　將領若控制不住焦躁的情緒，驅使士兵像螞蟻一樣去爬梯攻城，只會讓士兵傷亡三分之一卻無法攻下城池，這就是攻城策略帶來的危害。

 原文

　　故善用兵者，屈人之兵而非戰也，拔人之城而非攻也，毀人之國而非久也。必以全爭於天下，故兵不頓而利可全，此謀攻之法也。

 白話

　　因此，善於用兵的人，不透過打仗就能讓敵人屈服，不透過攻城就能使敵軍投降，消滅敵國不靠久戰。

　　用完善的謀略爭勝於天下，既能使兵力免於折損，又能獲得勝利，這就是以謀略攻敵制勝的方法。

 **原文**

故用兵之法，十則圍之，五則攻之，倍則分之，敵則能戰之，少則能逃之，不若則能避之。故小敵之堅，大敵之擒也。

 **白話**

所以用兵作戰的原則是，當我方的兵力是敵軍的十倍時，就包圍敵軍；我方兵力是敵軍的五倍時，則採取進攻；我方兵力是敵軍的兩倍時，則設法分散敵軍；若敵我雙方勢均力敵，則依據情況努力作戰；我軍兵力少於敵軍，就要設法擺脫敵軍；我軍兵力弱於敵軍，就要設法避免開戰。

所以，弱小的軍隊如果一味固守，勢必成為強敵的俘虜。

原文

夫將者，國之輔也。輔周則國必強，輔隙則國必弱。

白話

將領，是輔助國家的人。將領的輔助謀略周全、縝密，則國家必然強大；輔助的謀略若有缺失、疏漏，國家就必然衰弱。

故君之所以患於軍者三：不知軍之不可以進而謂之進，不知軍之不可以退而謂之退，是謂縻軍；不知三軍之事，而同三軍之政，則軍士惑矣；不知三軍之權，而同三軍之任，則軍士疑矣。三軍既惑且疑，則諸侯之難至矣，是謂亂軍引勝。

白話

國君對軍隊的危害有三種狀況：

不了解自己的軍隊不能前進，卻下令讓軍隊前進；不了解自己的軍隊不應撤退，卻下令讓軍隊撤退，這就是束縛自己的軍隊。

不了解自己軍隊的攻守之事、內部政務，卻硬要干預軍隊的管理，就必然使將士無所適從；不懂得軍事上的權宜機變，卻干預軍隊的指揮，就會使將士產生疑慮。

軍隊無所適從又充滿疑慮，其他諸侯國就會趁機進攻，這就是自亂軍心，錯失勝利的良機。

故知勝有五：知可以戰與不可以戰者勝，識眾寡之用者勝，上下同欲者勝，以虞待不虞者勝，將能而君不御者勝。此五者，知勝之道也。

白話

所以，有五個方法可以預見戰爭的勝利：

①能判斷仗可以打或不可以打的，能獲勝；②能依照敵我兵力多寡而採取對策的，能獲勝；③全軍上下同心的，能獲勝；④以自己周全縝密的準備，對付毫無準備的敵人，能勝利；⑤將領有才能而君主又不干預的，能獲勝。

以上五點，就是預測戰爭勝利的方法。

 原文

故曰：知彼知己，百戰不殆；不知彼而知己，一勝一負；不知彼不知己，每戰必敗。

 白話

所以說，既了解敵人又了解自己，則每次作戰都不會有危險；不了解敵人只是了解自己，勝負機率各半；既不了解敵人又不了解自己，每次作戰必然會失敗。

101

春秋時期諸國爭霸，晉國在晉獻公時期崛起，躋身當時的強國之林。

後來，晉獻公寵幸妃子驪姬，驪姬想讓兒子公子奚齊繼位，就對晉獻公大吹枕邊風，多次陷害晉獻公的其他兒子：太子申生、公子重耳、公子夷吾。

最終，太子申生不堪受辱，自殺身亡，重耳和夷吾逃出了國。

等到晉獻公去世，奚齊繼位，一些大臣趁機發動政變，在晉獻公的靈堂上殺死了奚齊，隨後又將驪姬鞭殺。

因為太子申生已死，大臣們便想擁立德才兼備的重耳為王，但重耳卻推辭了。

於是，大臣們迎回了同樣逃亡在外的夷吾，立他為王，是為晉惠公。

但晉惠公繼位後，屠殺功臣，背信棄義，殘暴不仁……十分不得人心。

關於晉惠公的不仁不義，有個例子可以說明。

晉惠公即位幾年後，晉國遭遇饑荒，於是他向鄰國秦國請求買糧。秦國出於道義，賣給晉國許多糧食。

第二年，輪到秦國饑荒，秦國向晉國請求買糧時，晉惠公居然恩將仇報，落井下石，不僅不賣糧食給秦國，還趁機發兵攻打秦國。

結果晉軍被暴怒的秦軍打敗，連晉惠公的兒子都被送到秦國當人質。

由於晉惠公和重耳的人品對比鮮明，晉國的人心都向著重耳。晉惠公害怕自己的王位不穩，派人去暗殺重耳。

重耳只好帶上親隨再次逃命，開始了一段顛沛流離的流亡生活。

重耳一路經過了衛國、齊國、曹國、宋國、鄭國、楚國、秦國⋯⋯這些國家的君主，有的目光短淺，看到重耳落魄就對他十分輕視，比如鄭國的鄭文公，他接待重耳時就不講禮數，很不客氣。

有些國家的君主就沒那麼勢利眼，他們欣賞重耳的賢明，以禮相待，尤其是楚國的楚成王，更是以諸侯之禮招待重耳，讓重耳十分感動。

短短幾年後，晉惠公病逝，他在秦國當人質的兒子偷偷溜回了晉國繼位，是為晉懷公。

秦國對此十分憤怒，就派人邀請重耳到秦國作客，之後又派軍隊一路護送他回到晉國，意思很明顯——我們選重耳，你們看著辦。

有了秦國的支持，再加上重耳本身就得人心，他輕鬆推翻晉懷公，當上了晉國的新君，是為晉文公。

就在晉文公剛掌權這年，天下突然發生了一件大事：周襄王的弟弟王子帶與翟ㄉㄧˊ后私通，兩人勾結，圖謀篡位。周襄王發覺此事後廢黜了翟后，王子帶則帶著親信出逃。

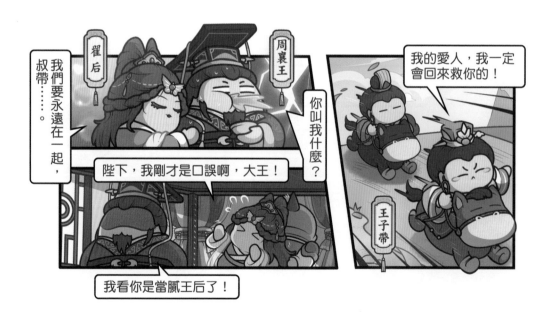

翟后是春秋時期翟國的公主，因此王子帶就夥同翟人反攻周襄王，打敗了周王軍。周襄王只好邊逃難邊向諸侯求援，讓他們快來護駕。

春秋時期，諸侯割據、諸國爭霸是事實，但從名義上講，諸侯都是周天子的臣子。秦國的秦穆公收到了周襄王的告急文書，很快屯兵於黃河岸邊準備救援周天子。

晉國大臣趙衰知道後，急忙勸晉文公，說尊奉周王是稱霸的捷徑，如果不能趕在秦國之前保護周王，平息叛亂，就無法借尊王討逆的旗號對天下發號施令了，這種功勞和機會千萬別錯過。

於是，晉文公發兵，先送周襄王回到了周都雒邑，又打敗叛軍，平定了王子帶之亂。周襄王對此十分感激，把河內、陽樊兩地賜給了晉文公，晉文公的聲望和勢力都因此大增。

不過幾年，又發生一件大事：楚成王和幾個盟國包圍了宋國。

宋國向晉國求援，晉文公覺得這是晉國參與爭霸的好機會，而且自己當年落難時，宋國對自己不錯，於是答應出兵。

但說到落難之時的遭遇，楚成王更是善待晉文公，因此晉文公一時有些左右為難，重臣狐偃幫他想了一個兩不得罪的辦法。

當時衛國剛和楚國通婚，關係還沒那麼緊密，於是晉文公便想從衛國借道去攻打曹國，如果衛國答應，那最好；如果衛國不答應，就把曹、衛兩國一起收拾了。

衛國拒絕了晉文公的借道請求，於是晉軍迂迴繞道渡過黃河，同時向曹、衛兩國進兵。此時，晉文公還和齊昭公結盟，壯大了自己的勢力。

結果衛國的衛成公是個牆頭草，他見晉國大軍壓境，晉、齊兩國又已經結盟，居然申請加入晉齊同盟。晉文公和齊昭公看不慣這種反覆之人，果斷拒絕了。

衛成公又趕緊向楚國示好，請求和楚國結盟，但衛國的軍民不同意，他們更想跟晉國結盟，於是發動叛變把衛成公趕出去，將國家拱手獻給了晉軍。

之後，晉軍又南下攻打曹國。曹國不是晉國的對手，國都很快就被攻破了。

按照狐偃的計畫，楚國該撤軍來救衛國和曹國了，然而楚國也是心狠手辣，根本不管「盟友」的死活，一心猛攻宋國。宋國再次向晉國告急。

晉文公照做後，楚成王果然下令從宋國撤兵，但楚國大將子玉心高氣傲，怎麼都嚥不下這口氣，請命和晉國決一死戰。

楚成王見子玉如此堅持，也拿他沒轍，於是給了他少量兵馬。

晉楚交鋒在即，為了壯大勢力，晉文公讓宋國用土地和秦、齊兩國交換，請兩國出面讓楚國退兵。另一邊，他又派人告訴楚國，說秦國和齊國要為自己撐腰，挑起了楚國與秦、齊兩國的矛盾。

不過，在外交計謀這方面，子玉也不是等閒之輩，他派使者告訴晉文公，如果晉國讓曹、衛兩國復國，楚國就解除對宋國的圍困。

這是一個毒計：如果晉國答應，那打曹國和衛國就等於白打了，損兵折將，只能吃啞巴虧；但如果晉國不答應，那麼曹、衛、宋三國都會怨恨晉國，晉國就成了三國公敵。

晉國大將先軫識破子玉的詭計，他建議晉文公許諾讓曹、衛復國，但條件是曹、衛要和楚國斷交——這下三國的公敵又變成楚國了。

計謀不成，子玉只好率軍強攻，晉楚兩軍終於正式對陣。晉文公遵守昔日約定，下令讓晉軍對楚軍退避三舍，不過其實這既是報答楚成王的恩情，也是誘敵深入之計。

楚軍看到晉軍一退再退，還以為晉軍怕了，不由得有些驕傲大意，子玉還在決戰前放狂言要滅掉晉國。

然而決戰開始後，晉軍沒有和楚軍硬碰硬，而是集中優勢兵力先攻敵人兵力較弱的右軍——楚國的盟友陳國和蔡國的軍隊。

晉軍將虎皮蓋在戰馬上衝殺，陳、蔡兩國的軍隊紛紛驚駭逃散，楚軍右軍瞬間潰敗。

對付楚軍左軍時，晉軍用戰車拖拽樹枝後退，在地上留下痕跡，揚起塵土，裝作潰逃的樣子。

楚軍的左軍果然上當追擊，中了晉軍的埋伏，被打了個落花流水。

子玉見左右兩軍都敗了，立刻下令中軍停止攻擊，全軍撤退。子玉和殘部雖然成功撤出戰場，慘敗的事實卻已無可挽回。最終他逃回楚國，楚成王氣惱子玉當初不聽自己的勸告，導致楚國兵敗，於是派人責怪他。

這場大戰發生在城濮ㄆㄨˊ，因此史稱「城濮之戰」。此戰中，楚國並沒有舉全國之兵與晉國硬碰硬，所以損失算不上慘重。

但晉國經此一戰名聲大振，晉文公把楚國的俘虜獻給了周襄王。周襄王冊封晉文公為「侯伯」，寫了文章表揚他，賜給他很多賞賜。晉文公多次辭謝才接受。

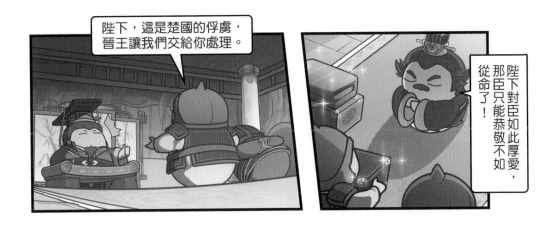

　　同年冬天，晉文公以周天子之命，在踐土召集諸侯會盟，史稱「踐土之盟」。在會盟上，各諸侯共推晉文公為盟主，這標誌著晉文公成了繼齊桓公之後春秋時期的第二位霸主。

還記得當年晉文公流亡時，十分怠慢他的鄭國嗎？在城濮之戰時，鄭國的身分是楚國的盟友，鄭文公甚至一度將自己的軍隊直接交給楚國指揮。新仇加舊恨，晉文公決定找鄭國算帳了。

　　晉文公聯手秦穆公，秦、晉兩大強國包圍鄭國，鄭國瞬間走到了覆滅邊緣。

在生死存亡之際，鄭國大夫佚之狐向鄭文公推薦了一個人——燭之武。

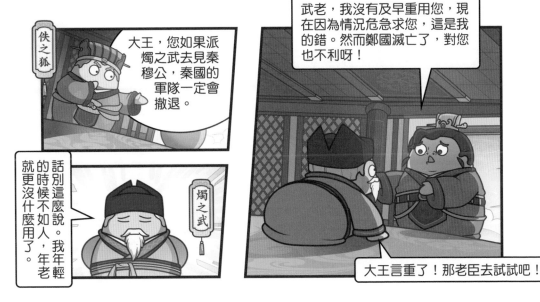

佚之狐：大王，您如果派燭之武去見秦穆公，秦國的軍隊一定會撤退。

燭之武：話別這麼說。我年輕的時候不如人，年老就更沒什麼用了。

武老，我沒有及早重用您，現在因為情況危急求您，這是我的錯。然而鄭國滅亡了，對您也不利呀！

大王言重了！那老臣去試試吧！

夜晚，燭之武被人用繩子從城樓上偷偷放下去，見到了秦穆公。

秦公！

哇！鬼呀！

是我，鄭國的燭之武。

你來幹麼？

當然是來勸您啦，秦、晉兩國圍攻鄭國，鄭國已經知道自己要滅亡了。假如滅掉鄭國對您有好處，我怎敢冒昧地來叨擾您？

怎麼就沒好處了？

越過別國，把遠方的鄭國作為秦國的地盤，您也知道這是困難的，那滅掉鄭國就是在給鄰國增加土地。鄰國實力雄厚了，您秦國的實力不就被削弱了？

如果您放棄圍攻鄭國，把它當作招待過客的東道主，出使的人來來往往，鄭國可以隨時供給他們缺乏的東西，對您也沒有什麼壞處。

而且您曾經給予晉公恩惠，他答應把焦、瑕兩座城獻給您。

然而晉公早上渡過黃河回國，晚上就在那裡築城防禦。晉國怎麼會有滿足的時候呢？

晉國已經試圖往東吞併鄭國，還想要向西擴張邊界。

所以攻打鄭國是削弱秦國，壯大晉國，希望您三思！

如果不使秦國損失土地，要到哪裡去奪取土地？

對呀！我怎麼會沒想到呢？

秦穆公聽完燭之武的分析，覺得很有道理，高興地與鄭國簽訂了盟約，還派了幾位將領幫鄭國防守。

狐偃看到秦國「叛變」，請求攻打秦軍，晉文公制止了他。

於是晉國也隨即撤兵，就這樣，鄭國不費一兵一卒，僅靠燭之武的三寸不爛之舌，就使秦、晉兩國大軍退去——這就是著名典故「燭之武退秦師」。

在〈謀攻篇〉中，孫子提出評價戰爭結果的標準：同樣是勝利，「全」為上，「破」次之。

讓敵方國家、軍隊、個人完全降服，這是最好的；和敵方拚個你死我活，拚到最後才打敗敵人取得勝利，這是次一等的。

透過硬拚取得勝利，自己也會付出高昂的代價，你雖然打敗了眼前的敵人，但其他潛在的敵人看到你元氣大傷，又會趁機來攻擊你，整體的局勢依舊不樂觀。

從利益的角度看，如果和敵方血戰到底，把敵方打個稀巴爛才獲得勝利，那你的戰爭支出勢必很多，能奪取的戰利品和資源補給卻很少，怎麼算都很虧。

擴大到其他非軍事的領域也是一樣：如果太在乎輸贏，試圖不擇手段地和別人分出高下，就很容易陷入和別人較勁的泥潭中。就算贏了也得不償失。

　　比起擊敗競爭對手，更重要的其實是幫自己打造良好的生存、發展環境。

　　競爭不是目的而是手段，是為了讓自己發展得更好。如果可以雙贏當然最好，即使不能，也要以最小的代價來博取最大的收益，最終取得勝利。

那麼，該如何做到「完勝」呢？孫子給出的方法是：「上兵伐謀，其次伐交，其次伐兵，其下攻城。攻城之法，為不得已。」

「上兵伐謀」，「伐謀」就是在戰爭中運用謀略。拓展到其他領域，就是要有戰略眼光和戰略布局：該不該做、能不能做、怎麼做……這些是最能影響你能否完成一件事的因素。

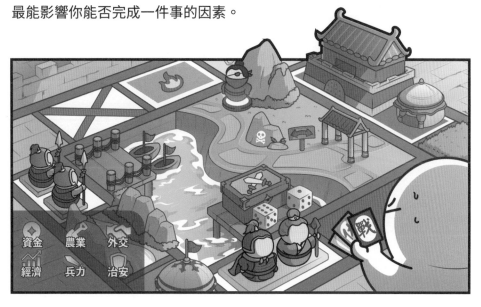

以晉國為例，在晉獻公時期，晉國就「併國十七，服國三十八」，已經不失為一個強國。但直到晉文公執政，晉國才向真正的霸主之位邁出了一大步，因為晉文公以勤王討奸的名義幫助周天子，獲得了號令諸侯的合法權力。

「其次伐交」，「伐交」就是在戰爭中運用外交手段。延伸到其他領域，就是要多幫自己找盟友，避免對手拉幫手。要壯大自己，孤立對手，這樣自然就能取得更有利的局勢。

在晉國和楚國的交鋒中，雙方都在外交上下足了工夫，最終不得已才正式動兵。

晉國讓宋國用土地換取秦、齊兩國攻打楚國，挑起了楚國與秦、齊兩國的矛盾；楚國又以攻打宋國為要脅，讓晉國歸還曹、衛兩國的土地，差點讓晉國同時得罪三個國家；晉國又再反將一軍，以復國為誘餌，讓曹、衛兩國與楚國斷交。

「其次伐兵」，「伐兵」就是純粹的軍事行動。拓展到其他領域，就是公開的正面對抗，但在對抗時，依舊要打得聰明、打得巧妙，不能不計代價地做事。

「其下攻城」，「攻城」就是不計代價地攻陷敵方的城池。拓展到其他領域，就是魚死網破般的對抗，不到最後關頭都不要用。

這是孫子最不喜歡的「下下策」，因為它完全就是在比拼實力和資源的消耗，傷敵一千，自損八百。

至於「上上策」是什麼，孫子很明白地講了：「不戰而屈人之兵。」

不戰而屈人之兵！下次要考喔！

晉、秦兩國聯手攻打鄭國時，「燭之武退秦師」就是一個非常典型的案例。

　　一般來說，都是強者靠實力迫使弱者屈服，但如果弱者把智謀運用得當，也能反過來壓制強者。

　　〈謀攻篇〉所講的道理，在工作、學習、生活中都非常適用。當與人產生衝突時，比起強行要求對方按照自己的意思行事，更好的辦法是讓對方理解、認同自己。

　　在通往成功的道路上，比起互競爭較量，相互理解、合作雙贏才是更好的選擇！

孫子兵法

軍形篇

防守與出擊之間，選擇等待敵方失誤

孫子兵法

軍形篇

原文

　　孫子曰：昔之善戰者，先為不可勝，以待敵之可勝。不可勝在己，可勝在敵。故善戰者，能為不可勝，不能使敵之必可勝。故曰：勝可知，而不可為。

白話

　　孫子說：過去善於用兵作戰的將領，總是首先為自己創造不被敵人戰勝的條件，並等待可以戰勝敵人的機會。不被敵人戰勝的關鍵，是掌握在自己手中；戰勝敵人的關鍵，在於敵人是否採取錯誤行動，而讓我

軍有機可乘。

　　因此，善於作戰的將領，能為自己創造不被敵人戰勝的條件，而不能保證敵人一定會被我軍戰勝。所以說，勝利是可以預見，卻不能強求。

　　不可勝者守也，可勝者攻也。守則不足，攻則有餘。善守者，藏於九地之下；善攻者，動於九天之上，故能自保而全勝也。

白話

　　無法戰勝敵人，就應該做好防守；可以戰勝敵人，就應該積極進攻。防守是因為兵力不足，才採取守勢；進攻是因為兵力有餘，而採取攻勢。

　　善於防守的軍隊，如同藏在深不可測的地下；善於進攻的軍隊，如同神兵從雲霄之中降下，所以既能保全自己，又能取得全面的勝利。

原文

　　見勝不過眾人之所知，非善之善者也；戰勝而天下曰善，非善之善者也。故舉秋毫不為多力，見日月不為明目，聞雷霆不為聰耳。

　　古之所謂善戰者，勝於易勝者也。故善戰者之勝也，無智名，無勇功。故其戰勝不忒。不忒者，其所措必勝，勝已敗者也。故善戰者，立於不敗之地，而不失敵之敗也。是故勝兵先勝而後求戰，敗兵先戰而後求勝。善用兵者，修道而保法，故能為勝敗之政。

　　預測戰爭勝負時，若沒有高過一般人的見識，算不上最高明；打了勝仗後，天下人都說好，也不能算是好中最好的。這就好比能舉起毫毛不算力氣大，能看見日月不算視力好，能聽見雷聲算不上耳朵靈敏。

　　古代善於作戰的人，只是戰勝容易打敗的敵人。所以，真正善於用兵打仗的人，沒有智慧過人的名聲，也沒有顯赫勇武的戰功。他們作戰取得勝利又不出現過失，正是因為在謀畫、作戰指揮上毫無差錯，因此他所戰勝的是早已注定失敗的敵人。

　　所以善於打仗的人，總是使自己立於不敗之地，當敵人露出破綻時，不會錯失任何可以攻擊敵人的良機。因此，勝利的軍隊總是先讓自己具備取勝的條件，然後才和敵人作戰；失敗的軍隊則總是先和敵人交戰，然後再想靠僥倖取勝。

　　善於用兵的人，必須研究兵家之道，確保必勝的方法，這樣才能主宰勝敗。

原文

　　兵法：一曰度，二曰量，三曰數，四曰稱，五曰勝。地生度，度生量，量生數，數生稱，稱生勝。故勝兵若以鎰稱銖，敗兵若以銖稱鎰。

　　用兵之法，包含這五點：一是衡量敵我雙方國土面積，二是計算敵我物資數量，三是估算敵我兵員人數，四是比較敵我軍事實力，五是預測雙方交戰的勝負結果。

　　國家土地面積，決定產出多少物力、人力資源；物力和人力資源，決定了可以投入到軍隊的數目；國家軍隊的數目，決定了它軍事實力的強弱；國家的軍事實力，決定戰爭勝負的機率。

　　把獲勝軍隊和打敗仗的軍隊相比，就像拿鎰ㄧˋ來秤銖ㄓㄨ★一樣，具有明顯的優勢；將打敗仗的軍隊和獲勝軍隊相比，劣勢明顯的就像拿銖來秤鎰一樣，具有絕對的劣勢。

　　勝者之戰民也，若決積水於千仞ㄖㄣˋ之谿ㄒㄧ者，形也。

　　實力占優勢的一方，將領指揮士兵作戰時，展現出來的威懾力，就像積水從八千尺高的山澗上沖出一般，勢不可擋，這就是實力的展現。

● 編按：鎰與銖，皆為古時計算重量的單位。鎰，為二十四兩；銖，為一兩的二十四分之一。銖的單位重量比鎰小。

戰國時期，秦國和趙國兩個大國之間，時常為了爭奪霸權發生衝突。秦昭襄王時期，他派兵越過韓國進攻趙國，軍隊駐紮在閼ㄜ與。

　　為了防止趙軍出兵救援閼與，秦軍還在附近的武安留了一支部隊，和閼與的部隊呈掎ㄐㄧ角ㄐㄩㄝ之勢 *，相互呼應、共同夾擊趙軍。當趙軍來時，武安的秦軍可以獨自攔截，也可以和閼與的秦軍兩面包夾趙軍。

● 編按：比喻兩邊彼此呼應，共同夾擊敵方。

趙惠文王急忙召集眾將商議對策，他先問廉頗是否可以去救援。廉頗
表示路途遙遠，而且行程艱險，所以很難援救。趙惠文王又問樂乘，樂乘
的回答和廉頗一樣。

直到趙惠文王問到趙奢，趙奢才給出不一樣的答案。

於是，趙王便派趙奢去救閼與。

趙奢領兵出征後，剛出發三十里遠，就下令安營紮寨，在營區周圍修築了許多屏障，故意做出不想進攻、只想防守的樣子，甚至還下了誰勸諫進攻就處置誰的死令。

　　趙奢識破間諜的身分，卻故意不拆穿，而是使了一招將計就計，當著間諜的面說要繼續增築營壘。

間諜立刻回去報告，說趙奢已經被嚇破膽了，根本不敢去救關與，只想守住趙國的首都邯󠄀鄲󠄀。秦軍聞訊果然上當了，變得麻痺。

趙奢等秦國間諜離開，馬上下令召集急行軍，僅一日一夜就抵達距離關與五十里路遠的地方。

武安的秦軍此時才得知趙奢已經奔襲到關與附近，慌忙調集兵力趕去救援。

等到秦軍趕來時，趙奢早已派精銳部隊搶占北山的制高點，占據有利地形，等著和秦軍決一死戰。

兵法云：「憑高視下，勢如劈竹。」俯攻的趙軍很快就把仰攻的秦軍打得落花流水，趙奢成功證明了自己「狹路相逢勇者勝」的理論，在閼與之戰中大敗秦軍。

戰爭結束後，秦昭襄王反思失敗原因，這時名臣范雎[註]表示，秦軍這次除了指揮失誤，制定的戰略也有問題。

大王，恕臣直言，越過韓國攻打趙國，即使打贏了趙國收穫割讓的城池，但跨過韓國去接收，這些孤懸在外的城池也很難安穩。

之後，范雎向秦王提出一個著名的戰略方針——遠交近攻。

哦？怎麼個遠交近攻法？

就是和距離我們較遠的國家保持友好關係，攻打那些距離我們較近的國家。

於是，秦王暫時放下和趙國的恩怨，派名將白起攻打距離較近的韓國，一口氣奪取許多地盤。韓桓惠王對此十分恐懼，急忙派使者去秦國，表示願意獻出上黨求和。

但上黨的太守馮亭不想順秦國的意，他想到了一個轉移矛盾的辦法——將上黨的十七座城池全獻給趙國，聯趙抗秦。

本來即將到手的城池突然被趙國拿走，秦王勃然大怒，說什麼也要出了這口氣。很快，秦國大將王齕率大軍浩浩蕩蕩殺了過來，成功占領了上黨，上黨百姓紛紛逃到了附近的長平。

趙國既然敢接收上黨，當然也有準備。趙孝成王早已派廉頗在長平駐紮防守。但，趙王犯了一個大錯，他放著堅城不守，轉而要廉頗率軍出擊，迎戰秦軍。

幾次交鋒下來，趙軍完全不是秦軍的對手，廉頗被打得節節敗退，丟掉了許多重要據點，只能修築壁壘，堅守不出。

趙王對廉頗屢戰屢敗、防守不攻十分不滿，數次派人催他出戰，此時秦國又用反間計，派人在趙國大肆散布謠言。

趙王對謠言信以為真，真的派出趙括接替廉頗。

然而趙括並沒有什麼真才實學，只會空談理論，不會解決實際問題，成語「紙上談兵」說的就是這種人。連他的父親趙奢都認為他不適合當帶兵打仗的將軍。

另一邊，秦國得知趙國中計換帥之後，也祕密進行了一次換帥，把王齕換成了白起。這樣一來，形勢瞬間變成了秦國第一猛將對決趙國無才將軍，接下來的勝負就顯而易見了。

趙括並不知道秦軍換帥，還想主動出擊，一口氣拿下秦軍。白起命令秦軍佯裝戰敗撤退，趙軍一路追到了秦軍的營壘，面對秦軍固若金湯的防守毫無辦法。

在趙軍攻堅不利時，白起早已命令一支部隊突襲到趙軍的後方，截斷趙軍退路，又命一支騎兵插入趙軍與趙軍營壘之間，將趙軍主力分割成兩半，同時還切斷了趙軍的糧道。

趙括發現中計，被迫下令全軍停止進攻，就地建造壁壘防禦，再找機會突圍。但白起哪會讓他們輕鬆逃走，最終趙軍被斷糧了一個半月左右，數次突圍都沒有成功。趙括親自率軍突圍時被亂箭射死，剩下的士兵都向白起投降。

此時，白起做了在歷史上極具爭議的決定：將投降的四十萬趙軍活埋坑殺，只留下兩百多個年紀較小的士兵回趙國報信。

長平之戰大捷，白起想乘勝追擊，一舉攻滅趙國。趙國對此十分驚恐，於是用重金賄賂已經當上秦國宰相的范雎。

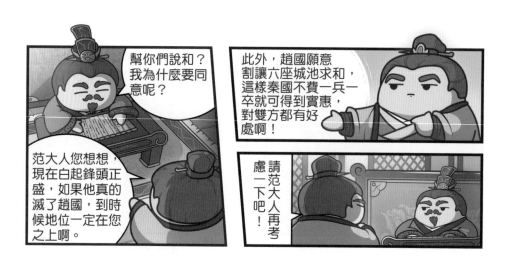

范雎聽了，果然嫉妒白起的功勞，他以秦兵疲憊，急需休養為由，請求秦王允許韓、趙兩國割地求和。秦王答應了，白起從此與范雎結下了仇。

然而在秦國撤兵後，趙國那邊又反悔了。趙國宰相虞卿不同意割讓城池，他表示趙國的土地有限，而秦國的貪婪無限。如果每年給秦國割讓六座城池，趙國遲早滅亡，還不如拿這六座城池去與齊國交易，聯齊抗秦。

和齊國聯手後，趙國又極力拉攏魏國、楚國、燕國、韓國，擺出一副大家要聯合抗秦的樣子。

秦王對此大怒，準備派兵把趙國滅了。白起聽聞後極力勸阻。

但秦王根本聽不進去，派將軍王陵率兵攻打趙國。秦軍很快就打到了趙國的首都邯鄲。這次趙國吸取長平之戰的教訓，選擇了堅守防禦，消耗敵人，避免決戰，等待外援的作戰方針。

在趙軍的堅守下，秦軍的進攻屢屢受挫，而且趙軍還不斷派出精銳襲擊秦軍。一段時間後，秦軍傷亡慘重卻毫無進展，秦王十分著急，親自出面請白起出山領兵，但白起拒絕了。

國家危難，我需要你，回來吧，白將軍。

大王請回吧，我不打必輸的仗。

之後秦王派范雎去探望白起。范雎指責白起擺架子不為國分憂，白起又向范雎詳細分析現在攻打趙國的壞處。

范雎因為曾經阻撓白起，痛失攻趙的最佳時機而十分羞愧，只能灰溜溜地離開了。

唉，這時候說什麼都晚了。

秦王得知此事非常生氣，為了證明自己沒有白起也能打下趙國，他改派王齕接替王陵，但換帥之後的秦軍仍然久攻邯鄲不下，反而自己死傷慘重。

　　戰事不利，秦王又數次催逼白起掛帥出征。白起一直託病不出，還說自己寧願受重罰而死，也不做蒙受恥辱之軍的將領。

　　秦王終於忍無可忍，賜給白起一把利劍逼他自殺了。

在秦軍攻城不下，進退兩難之時，趙國卻在積極尋找援軍。趙國的平原君打算選二十名文武兼備的人才，一同前去楚國求助，可是選來選去只選出了十九個人。

平原君見毛遂語出不凡，就帶上了他。

到了楚國，平原君和楚考烈王談了大半天，卻沒談出個結果，於是毛遂手按寶劍，登階而上，發表了一番自己的見解。

快下去！我在和平原君說話，你來插什麼嘴？

合縱抗秦的利害，幾句話就可以說得清楚，居然談這麼久都還定不下來？

楚國土地方圓五千里，雄兵百萬，這樣強大的國家，天下誰能抵擋？

大王您之所以能呵斥我毛遂，是因為仗著楚國人多勢眾。

如今我距離大王十步之內，大王之命就懸在我的手裡，人再多也沒用！

白起那個平庸小輩，率領幾萬秦兵攻打楚國，一戰攻下鄢郢，二戰火燒夷陵，三戰使您祖先之靈都受了辱。

這種百世必報的仇恨，我們趙國都替您羞愧！

毛遂這招激將法果然奏效。楚考烈王想起秦、楚兩國之間的舊恨，同意了合縱抗秦，與趙國歃血為盟，隨後便發兵救援趙國。

回到趙國後，平原君向周圍的人稱讚了一番毛遂的口才。

毛遂先生的三寸之舌，勝過百萬雄兵，他到楚國只用了一席話，便使我趙國的威望重於九鼎。

這就是成語「毛遂自薦」和「一言九鼎」的由來。

除了楚國，趙國還力求得到魏國的幫助。魏安釐[1]王本來已經答應出兵十萬救援邯鄲，但秦國得知此事，便派了使者去威脅魏國。魏王害怕秦國報復，便命令將軍晉鄙將十萬大軍留在鄴城駐紮，觀望不前。

魏王，秦王說了，你要是敢出兵救趙……

魏安釐王

他攻下邯鄲後就會調兵攻打你，你可要三思。

平原君見魏軍停止前進，就派人去魏國，讓自己的小舅子信陵君想想辦法。信陵君多次勸說魏王，但魏王根本不為所動。

萬般無奈下，信陵君只能集結自己的一點人馬去救援趙國。出發前，信陵君遇到了年過七旬的門客侯嬴，向他說自己要慷慨赴難，侯嬴卻淡定地表示自己不會隨他而去。

信陵君走了一段路後，心裡越想越不是滋味，於是又回去找侯嬴，沒想到侯嬴正笑咪咪地等著他。

信陵君知道侯嬴必有良策，急忙向他問計。

信陵君聽從侯嬴之計，果然順利拿到了魏軍虎符，準備去騙晉鄙發兵救趙，此時侯嬴又獻上一計。

萬一晉鄙查驗虎符後，還不肯立即發兵，轉而向魏王稟告，事情就麻煩了。我這個武藝高強的朋友叫朱亥，讓他跟您一起去，晉鄙要是聽命最好，不聽命就讓朱亥殺了他。

朱亥

晉鄙見到虎符後，覺得十萬大軍讓信陵君一人調動，沒有其他文書、使者，事有蹊蹺，果然心生懷疑，不肯發兵。

於是，朱亥就用袖子裡藏著的大鐵槌把晉鄙殺了，信陵君由此成功掌握了魏軍兵權。

我怎麼覺得不太對呢，我不發兵。

就你話多

這就是典故「竊符救趙」的由來。

信陵君接管魏軍軍權後，發布命令，讓父子都在軍隊裡的，父親回家；兄弟都在軍隊裡的，兄長回家；獨生子沒有兄弟的，回去贍養老人。

這樣一來，留下來的將士們家裡都有人照應，沒了那麼多牽掛，可以一心一意跟隨信陵君出生入死了。

魏、楚兩國的援兵還在路上時，邯鄲已被圍困許久，形勢十分危急，平原君只好招募三千人的敢死隊，突然向秦軍發起襲擊，一口氣擊退秦軍三十里遠。

沒多久，魏、楚兩國的援兵先後趕到，秦軍被內外夾攻，很快慘敗，邯鄲之圍就此解除，邯鄲戰爭也告一段落。

邯鄲之戰是東方諸侯國合縱抗秦的第一次大勝，秦國在這場戰爭中付出了二十萬人傷亡的代價，卻幾乎什麼也沒得到，國力大大折損，秦國統一六國的計畫也因此延遲了。

【兵法分析】

在〈謀攻篇〉中，孫子提出了「全勝」的概念和思想：最好不打就能贏，「不戰而屈人之兵」才是上上策。但很多時候實際情況並沒有那麼理想，做不到時，那就只能打。

那怎樣才能打贏呢？孫子的觀點是：「善戰者，先為不可勝，以待敵之可勝。」

簡單來說，就是掌控攻守的時機，先確保自己做好防守，讓自己立於不敗之地，再藉由對手的失誤，一舉擊潰對手。

不好意思，機會只有一次，而你卻失誤了。

武俠小說中通常都會有這樣的情節：頂尖高手對決，誰先動手誰吃虧。於是我們經常會看到兩個高手面對面站著試探很久，誰都不先出招，因為先出招就很容易先露出破綻。

他們倆已經在上面僵持三天了。

你不懂，這就叫高手哇。

在許多競技類運動中，「防守反擊」也是一個很常用的戰術，面對實力比自己更強的對手，這一招尤其好用。進球之前，先保證自己不丟球；得分之前，先保證自己不失分。

「先為不可勝」的意思，其實就是為自己保留退路的機會，它可以拓展到生活中的方方面面。

保證了「先為不可勝」，就可以「待敵之可勝」，也就是把握機會取得勝利。

　　在和對手博弈的過程中，自身的實力固然重要，但環境和對手給不給機會也非常關鍵。你自己實力再強，如果對手無懈可擊，這樣也難以取勝。

　　在戰爭中，敵人所犯的嚴重錯誤，往往比你自己的正確決策還要關鍵。

　　比如在長平之戰中，趙王和趙括都錯估形勢，放著堅城不守，以劣勢兵力強行出擊和秦軍決戰，被白起抓住機會一舉打敗。

而在邯鄲之戰中，看不清形勢的人變成了秦王，即使白起已經將雙方形勢、利害關係講得十分清楚，但他還是急功近利，不顧趙國國內萬眾一心、國外結盟求援的事實，在沒有獲勝機會的條件下，執意強行攻趙，最終導致慘敗。

「待敵之可勝」運用到生活中，其實就是強調把握機會。面對不同的環境和對手，如果只會萬年不變的套路、不懂變通，自顧自的埋頭苦幹，是很難獲得成功的。

人的一生總會遇到無數機會，這些機會有大有小、有好有壞，成功者往往善於辨別並把握機會，失敗者則相反。

明白「先為不可勝，以待敵之可勝」後，就來到了更高的層次。

勝兵先勝而後求戰，
敗兵先戰而後求勝。

意思就是，勝利的軍隊總是先創造利於獲勝的條件，才和敵人作戰；失敗的軍隊是先和敵人交戰，再想著靠僥倖取勝。

「先勝」可以說是在「完勝」基礎上引申的概念，它的核心就是：不打沒有準備的仗，只冒值得冒的風險。

「先勝」的理想情況是：不隨便出手，一旦出手就要有贏的把握。然而必贏是很難保證的事，因此很多時候我們不能苛求百分百的勝算，不能不接受任何一點點風險，而是要分析各種可能出現的情況，透過一定風險去博取成功。

整個〈軍形篇〉，其實就是在教我們如何「穩中求勝」。提升做事的可控性，讓事情的成功與否變得可以預知；面對好機會，要想辦法牢牢抓住；對於機會可能產生的風險，要知道什麼風險值得冒，同時也要留好後手。

兵勢篇

孫子兵法

看清局勢的人，
會贏喔

原文

孫子曰：凡治眾如治寡，分數是也；鬥眾如鬥寡，形名是也；三軍之眾，可使必受敵而無敗者，奇正是也；兵之所加，如以碬投卵者，虛實是也。

白話

孫子說：舉凡管理軍團就像管理小部隊一樣有效，靠的是合理的組織、結構；指揮大軍作戰如同指揮小部隊作戰一樣，靠的是良好的指揮系統；即使整個部隊遭遇敵人攻擊也不會失敗，是依靠運用得宜的奇正戰術；攻擊敵軍像用石頭砸雞蛋一樣簡單，關鍵在於以實擊虛。

原文

凡戰者，以正合，以奇勝。故善出奇者，無窮如天地，不竭如江河。終而復始，日月是也。死而復生，四時是也。聲不過五，五聲之變，不可勝聽也；色不過五，五色之變，不可勝觀也；味不過五，五味之變，不可勝嘗也；戰勢不過奇正，奇正之變，不可勝窮也。奇正相生，如循環之無端，孰能窮之哉！

　　兩軍作戰時，都是一邊以正兵和敵人正面交鋒，一邊以奇兵襲擊敵人，出奇制勝。因此，善於出奇兵的將領，他的計謀、戰法如同天地變化那樣無窮無盡，也像江河一樣永不枯竭。如同日月運行，終而復始；如同四季更迭，去而復來。

　　音律不過宮、商、角、徵、羽五音，但五音的組合變化無止境，永遠也聽不完。顏色不過青、赤、黃、白、黑五色，但五色的調色變化，永遠也看不完。味道不過酸、甜、苦、辣、鹹五味，但五味的組合搭配，永遠也嘗不完。

　　兵力部署與戰術不過奇、正兩種，但兩種的組合變化無窮無盡。奇與正相依而生，好比沒有終點的迴圈，誰又能看見盡頭呢？

原文

　　激水之疾，至於漂石者，勢也；鷙鳥之疾，至於毀折者，節也。故善戰者，其勢險，其節短。勢如擴弩，節如發機。

　　紛紛紜紜，鬥亂而不可亂；渾渾沌沌，形圓而不可敗。亂生於治，怯生於勇，弱生於強。治亂，數也；勇怯，勢也；強弱，形也。

　　湍急的河水能讓石頭漂起來，是因為有能產生巨大衝擊力的勢能；猛禽搏擊雀鳥，一舉可置對方於死地，是因為掌握進攻的時機和節奏，出手迅猛。所以善於作戰的將領，他會創造出險峻有力的態勢，發動迅猛快速的進攻。「勢」就如同拉弓準備的箭弩一般，蓄勢待發；「節」就如同觸發弩機那樣突然。

　　即使軍旗、人馬混亂難辨，戰場看來亂無章法，但我軍的指揮、軍隊組織不可亂；即使戰場形勢不明，兩軍混雜一處，也要做到能自如地應變，勝利掌握在我軍。

　　一方混亂，實因對方組織嚴整；一方怯懦，實因對方英勇無畏；一方弱小，實因對方實力強大。組織編制水準決定了軍隊管理是嚴整還是混亂，戰場形勢決定了士兵是勇敢還是怯懦，部隊的訓練實力決定了戰鬥力是強還是弱。

原文

　　故善動敵者，形之，敵必從之；予之，敵必取之。以利動之，以卒待之。

　　故善戰者，求之於勢，不責於人，故能擇人而任勢。任勢者，其戰人也，如轉木石。木石之性，安則靜，危則動，方則止，圓則行。故善戰人之勢，如轉圓石於千仞之山者，勢也。

178

所以，善於調動敵人的將領，若向敵軍製造假象迷惑敵人，敵人必定會被擺布；若用利益引誘敵人，敵人必定會貪而取之。一方面用這些辦法調動敵人，一方面也要嚴陣以待。

　　善於作戰的將領，總是追求有利的「勢」，而不苛求於士兵，所以能擇才用人，創造必勝的態勢。善於創造「勢」的將領，指揮軍隊作戰，如同轉動木頭和石頭。木頭和石頭的特性在於，平放就靜止不動，斜放就滾動向前，方形則容易靜止，圓形則容易滾動。

　　所以，善於作戰的將領所創造的態勢，就像推動圓石從極陡的山上滾下來一樣，來勢洶洶不可阻擋，這就是勢的含義。

　　東漢末年，一場轟轟烈烈的黃巾起事，讓早已腐朽衰敗的東漢政權變得分崩離析、搖搖欲墜。在鎮壓亂事時，各地州郡大吏都擁兵自重，他們互相征討、兼併，最終形成群雄爭霸的混亂局面。

　　曹操迎漢獻帝遷都許昌後，開始「挾天子以令諸侯」，他先後擊敗了呂布、袁術，占據兗州、徐州等地，一時之間威勢大漲。

不過，當時勢力最大的並不是曹操，而是袁紹。

袁紹出身名門望族，家世顯赫無比，從他往前推四代，袁家都有人在朝廷擔任最尊貴的官職「三公」*，因此號稱「四世三公」。

上面那人是誰呀？好像很有名耶？

你連「四世三公」袁氏家族的袁紹都不知道？

早在諸侯會盟討伐董卓時，袁紹就憑藉極高的威望被推舉為盟主。

承蒙各位抬愛，盟主之位由袁某暫坐！

● 編按：東漢以太尉、司徒、司空，為人臣最高的三個官職。

在曹操集團壯大之時，袁紹也打敗公孫瓚，占據許多土地，坐擁整個河北之地，可以動員十萬之多的兵力。尤其是袁紹的大本營冀州，更是土地豐饒、人口眾多、兵糧充足。

據史書記載，「冀州戶口最多，田多墾闢，又有桑棗之饒」。

出身好、地盤大、兵力強，此時袁紹可說是諸侯中實力最強的一個，而正在崛起還控制天子的曹操，自然就成了他的眼中釘。

沒想到，這傢伙居然成了我最大的絆腳石！

同樣地，曹操為了爭霸天下，也將袁紹看成必須除掉的對手，雙方的大戰是在所難免。

漢獻帝被曹操控制後，因不堪受辱，用鮮血寫出詔書縫在衣帶裡，祕密傳給了董承、劉備等一眾大臣，想讓他們誅殺曹操。

但後來「衣帶詔」之事敗露，董承等人被曹操誅滅三族，劉備則襲殺徐州刺史車冑，屯兵於小沛。之後，曹操親率大軍征討劉備。

哼！解決掉一個，輪到劉玄德那小子了！

　　此時，謀臣田豐向袁紹建議襲擊曹操。

主公，您如果趁曹操與劉備激戰之時，調動兵力去襲擊曹操的後方，一定能大敗曹操。

然而，袁紹卻以自己的幼子生病為由拒絕了，田豐急得舉起拐杖敲擊地面，連連嘆氣。

唉！這千載難逢的良機，竟然因為小孩子生病而喪失，可惜啊！

袁紹聽到這話十分生氣，從此開始疏遠田豐。

沒有援軍幫助，勢單力薄的劉備不是曹操的對手，很快兵敗，他的結拜兄弟——關羽，被曹操俘虜，只好暫時為曹操效力，而劉備則逃往青州投靠袁紹。

關雲長啊，如今你兄長兵敗而逃，要不你來為我做事，如何？

關羽

此時，袁紹終於有了名正言順討伐曹操的理由──奉衣帶詔討賊。

但田豐認為攻打曹操的最佳時機已過，極力勸阻袁紹。袁紹大怒，以動搖軍心為由將田豐關起來。

袁紹讓手下陳琳寫了一篇檄文《為袁紹檄豫州》，把曹操罵了個狗血淋頭，號召各州郡共同討伐曹操。雙方就此徹底撕破臉皮，準備開戰。

開戰前，雙方陣營都各自分析形勢。袁紹這邊，以沮[ㄐㄩ]授為代表的一派謀臣，認為急攻曹操不是上策。

近年來，我們討伐公孫瓚使得軍隊疲憊、百姓窮苦、糧無積餘，急著強攻曹操並不是上策。

不如我們好好休養生息，再派精銳騎兵不斷騷擾，步步為營，蠶食對方，這樣就能「安坐而定天下」。

沮授

而且曹操法令嚴明、士卒精鍊，不是公孫瓚所能比的。

然而，以郭圖和審配為代表的另一派謀臣，認為我方兵多將廣，應該派大軍出擊輾壓曹操。

現在我們兵多將廣，完全可以輾壓曹操，就應該派大軍出擊，一舉拿下曹操。

郭圖

審配

對呀！輾壓才符合我軍實力！

這一派的觀點更符合袁紹急功近利的性格，於是被採納了。

因為沮授提出反對意見，郭圖等人藉機進讒言，說沮授軍權太大、威望太高，不把袁紹的命令放在眼裡，引起了袁紹對沮授的猜疑，導致之後沮授的許多良策都被袁紹無視了。

另一邊，曹操也對自己能否戰勝袁紹心存擔憂，畢竟袁紹的兵力遠勝於自己。

此時，原先在袁紹帳下，深知袁紹為人的謀士郭嘉，提出了著名的「十勝十敗論」，從道勝、義勝、治勝、度勝、謀勝、德勝、仁勝、明勝、文勝、武勝這十個角度，詳細剖析曹操相比袁紹的長處，預言曹操必勝，袁紹必敗。

這番話引來了文臣武將的一片喝采，極大鼓舞了曹操集團的士氣。由此對比可見，大戰開始前，袁紹集團並不是鐵板一塊，內部意見不一，鉤心鬥角嚴重；曹操集團卻是上下同心，有很強的凝聚力。

袁紹在鼓動其他勢力反曹時，也有人對袁曹雙方做出清晰的判斷，比如和曹操有仇、殺死曹操長子曹昂的軍閥——張繡，他想追隨袁紹，但他的謀士賈詡卻當著張繡的面，拒絕袁紹的使者。

多謝袁將軍的好意，但結盟之事就不必了！

張繡

賈詡

喂！老賈你在想什麼？你不知道我和曹操有仇嗎？

第一，曹操奉天子以令天下，名正言順。

袁紹不能容人，我們遲早會被他排擠，而歸順曹操卻有三個好處！

第二，曹操兵力較弱，更願意拉攏盟友。

第三，曹操志向遠大，定能不計前嫌。

於是，張繡聽從賈詡的建議，歸順曹操。曹操果然不計前嫌，封他為揚武將軍，重用了他。

老張啊老張，你來助陣我一定歡迎！剛好軍中還少一位揚武將軍，就決定是你了！

　　戰前準備結束後，袁紹大軍開拔，他派大將顏良和郭圖、淳于瓊等人率軍進攻白馬地區，想拿下黃河南岸的軍事要地，確保主力軍可以渡過黃河與曹操決戰。

顏良，拿下白馬的任務就交給你了！

放心吧，主公，請看我表演！

曹操為爭取首戰勝利，親自率軍去解白馬之圍，此時謀士荀攸獻上了一計。

我們應該聲東擊西，引誘敵人去延津。先假裝要渡河去攻打袁紹後方，讓袁紹分兵救援，然後我們再派騎兵襲擊白馬。

曹操採納這個計謀。袁紹果然上當分兵，派郭圖和淳于瓊率軍去延津阻擊。沮授極力勸阻，但袁紹沒有理會。

主公三思呀！顏良雖然勇猛但性格急躁，難以獨自統領大軍。

顏良哪有你說的那麼不堪，此事已決，不要再提了！

另一邊,曹操帶著關羽、張遼、徐晃等大將趕赴白馬。在兩軍交鋒之際,關羽遠遠望見了顏良的麾蓋,直接策馬衝到顏良身邊,如天神下凡一般於萬軍之中斬殺顏良,取下首級而歸。袁軍主將被斬,瞬間潰敗。

解了白馬之圍後,曹操準備向西撤退到官渡。袁紹派大將文醜追擊曹軍。當時,曹操的騎兵不足六百,而袁紹的騎兵有五六千名,因此不能硬打,只能智取。

於是,曹操命士兵解鞍放馬,引誘袁軍奪取財物,再發動奇襲擊敗袁軍,順利退回官渡。

袁紹率軍趕到官渡，紮下營寨，又派淳于瓊率軍護送糧草到烏巢。沮授建議袁紹增派將軍蔣奇帶兵防護，杜絕曹操劫糧的可能，但袁紹又沒有聽。

主公，屬下覺得讓蔣奇將軍跟著去，比較萬無一失。

你什麼意思？你是不信任淳于將軍的能力嗎？還是質疑我的決定？

在沒有增援軍的情況下，淳于瓊率領運糧隊，在距離袁軍大營僅剩四十里的烏巢駐紮把守。

讓我看看自家大本營在哪兒……

很好！距離大本營不遠！今晚可以好好休息了！

淳于瓊

看到了！

此時，曹操的謀士荀彧預言的「情見勢竭，必將有變」來了。袁紹手下的謀士許攸叛變投奔曹操。

原來，許攸曾向袁紹獻計，說曹操大軍在外，許都必然空虛，可以派輕騎連夜奔襲奪取許都，端了曹操的老巢，救出天子，之後再奉天子詔討伐曹操，激底打敗曹操。但袁紹盲目自大，說自己要先活捉曹操，於是拒絕這條妙計。

後來許攸的家裡有人犯法，袁紹的謀臣之一審配，不顧及許攸面子，直接將他們逮捕下獄。許攸知道後大怒，立即投奔曹操。

許攸提供曹操關鍵情報——淳于瓊屯糧烏巢且防備不嚴，他建議曹操火速奇襲烏巢，燒了袁軍的糧草輜重。曹操立刻聽從，留下曹洪、荀攸等人把守營壘，自己親率五千精兵出發。

為了不發出聲音打草驚蛇，曹操的士兵嘴裡都叼著像是筷子的「枚」，還綁住馬的嘴。他們冒用袁軍的旗號，每人帶著一束柴草，趁著夜色從小路悄悄抵達烏巢。

到達烏巢後，曹軍立刻開始放火圍攻。袁紹得知烏巢被攻，立刻部署兩路軍馬，一路去烏巢救援，一路由大將張郃、高覽帶領去劫曹操的營寨。

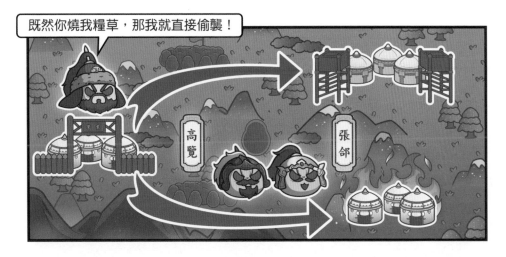

烏巢這邊，曹操陷入了一番苦戰，袁紹派出的援軍即將趕到，情勢十分危急。

於是，曹操身先士卒，鼓舞士兵死戰。大將樂進斬殺淳于瓊，袁軍大敗，糧草也被全數燒毀。

至於曹軍的官渡大營，曹操早就留了兵馬死守，讓張郃、高覽久攻不下，他們又聽到烏巢失守的消息，就乾脆向曹操投降了。

大軍被破、糧草被燒、大將降敵……一系列變故之下，袁軍軍心動搖，全面崩潰，被曹操先後殲滅了七、八萬人，袁紹帶著不足一千的殘兵逃回了河北。

袁紹敗逃時，沮授因來不及渡河被俘。曹操想招降沮授為自己出謀畫策，但他寧死不從，曹操雖有遺憾但還是厚待了他。

你就算殺了我，我也不會為你所用的！

小事！我也不喜歡強人所難！

後來，沮授密謀逃回河北的事敗露，曹操為絕後患還是殺了他。

袁紹退回河北後，對人說他十分後悔當初沒聽田豐的勸諫，如今是要被田豐恥笑了，於是派人把田豐殺了。沒過多久，袁紹也在鬱鬱中病死。

你還有什麼遺言就快說吧！

大丈夫選錯了主公，本來就是愚蠢的行為！我這樣愚蠢的人，死不足惜！

袁紹死後，本應是長子袁譚繼位，但審配、逢紀偽造袁紹遺命，立袁紹第三子袁尚為繼承人，導致袁氏兄弟相爭，自相殘殺。袁氏集團就此分裂，實力更是一落千丈。

最終，袁譚、袁尚被曹操個別擊破，袁氏勢力澈底覆滅，曹操在曹袁之爭中笑到了最後。

在〈兵勢篇〉中，孫子重點講述了一個概念——勢。

為了解釋「勢」究竟是什麼，孫子講了幾個比喻，其一是「激水之疾，至於漂石者，勢也」，大意是湍急的河水能把石頭都沖起來，就是靠「勢」的力量。

其二是「轉圓石於千仞之山者，勢也」，大意是圓石從極陡的山上滾下來不可阻擋，也是靠「勢」的力量。

所謂「勢」，其實就是事物表現出來的趨性，它可以是形勢，可以是局勢，可以是權勢，也可以是地勢，等等。

孫子認為「善戰者，求之於勢，不責於人，故能擇人而任勢」，取勝的關鍵在於「任勢」，也就是在對自己有利的形勢下做出行動。

官渡之戰中，曹操出奇制勝，以兩萬左右的兵力擊破十萬袁軍，為統一北方奠定了堅實的基礎。官渡之戰也成了中國歷史上以弱勝強、以少勝多的典型戰役之一。

起初，曹操的兵力遠不如袁紹。

但無論是郭嘉還是賈詡，這些頂級謀士都能看出袁紹外寬內忌、任人唯親、好謀無斷。

而曹操卻從諫如流、殺伐決斷——這是曹操性格上的優勢。

而且曹軍和袁軍相比，雖然袁軍人數占優勢，但曹軍紀律嚴明、將士勇猛，是真正的精銳之師──這是曹操軍隊上的優勢。

在出師的名義上，袁紹雖然號稱「奉衣帶詔」討伐曹操，但他本人並沒有真正接下衣帶詔，因此號召力和說服力都比較有限。在出師前，沮授就曾勸諫袁紹，指出討伐曹操是「違反義理」、「興無名之兵」。

而曹操手中牢牢控制著天子，是以天子的名義，打著「討滅叛逆」的旗號去「平定袁紹的謀反」，這個「官方說法」影響力不容小覷──這是曹操在出師名義上的優勢。

陛下，你在宮裡好好待著，臣去把袁紹這個反賊拿下！

曹操占據了以上幾點重要優勢，雖然兵力不及袁紹，但也足以與袁紹抗衡了。

官渡之戰進入僵持階段時，曹操因為耗不過袁紹而陷入被動，這時荀彧對局勢的分析非常精闢。

你們一個個的怎麼回事？都給我打起精神來！

荀彧

主公，你以寡敵眾，居然遏制了袁軍足足半年──這不恰恰說明袁軍的勢頭不過如此嗎？袁軍的兵勢很快就要衰竭了。

後來，曹操果然抓住袁紹「勢竭」的機會，一舉打敗了對方。

從戰爭層面延伸到其他領域，「勢」也是一個非常重要的概念，也有許多跟它有關的成語。

正所謂「天下大勢，浩浩湯湯，順之者昌，逆之者亡」，學會分析、利用、順應「勢」，它就會推著你走，成功便會水到渠成，反之則會舉步維艱。

在有「勢」的時候，我們應該「借勢」、「順勢」；而在沒有「勢」的時候，我們也要學會創造對自己有利的「勢」，也就是「造勢」。

孫子說：「是故，善戰者，其勢險，其節短。勢如擴弩，節如發機。」我們應該創造像張弩滿弓待發狀態一樣的勢，也就是做充分的準備，累積足夠的力量，再以不可阻擋的勁頭，乾脆俐落地取得成功。

孫子兵法

虛實篇

找到困境突破口，
勝利就會來

 原文

孫子曰：凡先處戰地而待敵者佚，後處戰地而趨戰者勞。故善戰者，致人而不致於人。能使敵人自至者，利之也；能使敵人不得至者，害之也。故敵佚能勞之，飽能饑之，安能動之。

白話

孫子說：凡是先占據會戰地點等待敵人的，比較從容、主動；較晚到達會戰地點倉促應戰的，就會疲勞、被動。所以善於作戰的將領，能調動敵人而不被敵人調動。能使敵人按照我方預想而自動抵達戰區，這是敵人受到利益誘惑的緣故；能使敵人按照我方預想而不能抵達戰區，這是因為敵人擔心會有禍害。

所以，敵人若處於安逸，就想辦法讓他們疲勞；敵人若糧食充足，就想辦法讓他們匱乏；敵人若駐紮安穩，就想辦法讓他們不得不行動。

出其所不趨，趨其所不意。行千里而不勞者，行於無人之地也；攻而必取者，攻其所不守也；守而必固者，守其所不攻也。故善攻者，敵不知其所守；善守者，敵不知其所攻。微乎微乎，至於無形；神乎神乎，至於無聲，故能為敵之司命。

白話

在敵人來不及設防之地用兵，在敵人意料不到的時機和地點進攻。部隊行軍千里而不疲勞，是因為行進在敵人空虛薄弱的地帶，好像進入無人之境；進攻必然取勝，是因為攻擊在敵人疏於防守的地方。防禦固若金湯，是因為防守在敵軍無力進攻的地方。

所以，善於進攻的軍隊，能讓敵人不知道該在哪防守；善於防守的軍隊，能使敵人找不到可以攻擊的破綻。奧妙啊，奧妙！竟能看不出任何形跡；神奇啊，神奇！居然可以不透出一絲消息，就成為敵人命運的主宰。

原文

進而不可禦者，衝其虛也；退而不可追者，速而不可及也。故我欲戰，敵雖高壘深溝，不得不與我戰者，攻其所必救也；我不欲戰，雖畫地而守之，敵不得與我戰者，乖其所之也。

白話

我軍前進時，敵人無法抵禦，是因為攻擊到敵人空虛的地方；部隊撤退時，敵人無法追擊，是因為退得迅速，敵人追趕不上。

我方若想開戰，敵人即使堅守深溝高壘，也不得不出來與我軍交戰，是因為進攻之處，正是敵人必要救援的地方；我方若不想交戰，即使只是在地上畫出防線據守一處，敵人也無法和我方交戰，是因為我軍設法改變敵人進攻的方向。

故形人而我無形,則我專而敵分。我專為一,敵分為十,是以十攻其一也。則我眾而敵寡,能以眾擊寡者,則吾之所與戰者,約矣。吾所與戰之地不可知,不可知則敵所備者多,敵所備戰者多,則吾所與戰者寡矣。故備前則後寡,備後則前寡,備左則右寡,備右則左寡,無所不備,則無所不寡。寡者,備人者也;眾者,使人備己者也。

白話

所以,使敵人暴露形跡,而我方卻隱蔽起來,這樣我方就能集中兵力,而敵人則兵力分散。若敵我相當,我軍兵力集中於一處,敵人兵力分散於十處,我方就能以十倍於敵方的兵力打擊敵人,這樣就形成我眾敵寡之勢,能做到以重擊寡,那麼敵軍也就難有作為了。

當敵人不知道我方所要進攻的地方,敵人就得處處防備;敵人防備的地方越多,兵力越分散,等到我方要進攻時,面對的敵人數量就不多。

所以,防備前面,後面的兵力就薄弱;防備後面,前面的兵力就薄弱;防備左翼,右翼的兵力就薄弱;防備右翼,左翼的兵力就薄弱;處處防備,則處處兵力薄弱。兵力少,是處處分兵防備敵人的結果;兵力多,是迫使敵方分兵防備我方的結果。

 **原文**

　　故知戰之地，知戰之日，則可千里而會戰；不知
戰地，不知戰日，則左不能救右，右不能救左，前不能救
後，後不能救前，而況遠者數十里，近者數里乎！以吾度之，
越人之兵雖多，亦奚益於勝敗哉！故曰：勝可為也。敵雖眾，可使
無鬥。

白話

　　所以只要能預料與敵人交戰的地點和時間，即使跋涉千里也能與敵
人一拚。如果既不能預料交戰的地點，又不能預料交戰的時間，那麼軍隊
的左翼就不能救右翼，右翼不能救左翼，前部不能救後部，後部不能救前
部，更何況在遠則幾十里、近則幾里的地方部署作戰呢！

　　依我分析，越國的兵雖多，但對於決定戰爭的勝敗又有什麼益處！所
以說，勝利是可以創造的。敵人即使眾多，也可以分散它的兵力而使其無
法與我方交戰。

原文

故策之而知得失之計，作之而知動靜之理，形之而知死生之地，角之而知有餘不足之處。故形兵之極，至於無形。無形，則深間不能窺，智者不能謀。因形而措勝於眾，眾不能知。人皆知我所以勝之形，而莫知吾所以制勝之形。故其戰勝不復，而應形於無窮。

白話

所以，要認真分析判斷，明瞭敵人作戰計畫的優劣長短；要挑動敵人，以了解他們行動的規律；有意製造假象誘敵，以摸清地形的有利與不利之處；透過戰鬥偵察，可以探明敵人兵力部署的虛實強弱。

所以，若把製造假象、誘騙敵人的計謀運用到極致，就能讓敵人找不到一點我方的破綻。如果我方達到了無跡可尋的境界，即使有隱藏很深的間諜，也無法探明我方的虛實，即使是足智多謀的敵人，也都無計可施。

根據敵情變化來調兵遣將，向眾人展示戰果，但眾人卻無法看出是怎麼取勝的。人們只知道我軍戰勝敵人的方法，卻不知道我軍運用這些方法的奧祕。所以我方每次取勝的方法都不會重複，而是根據敵情變化，採取變化無窮的戰略與戰術。

夫兵形象水，水之形，避高而趨下，兵之形，避實而擊虛。水因地而制流，兵因敵而制勝。故兵無常勢，水無常形，能因敵變化而取勝者，謂之神。故五行無常勝，四時無常位。日有短長，月有死生。

白話

用兵的規律就像流水，水流動的規律是避開高處而向低處奔流，用兵的規律是避開敵人堅實之處，攻擊其虛弱的地方。水因地勢而決定流向，軍隊作戰則根據敵情變化而決定制勝方針。所以，軍隊作戰沒有固定的態勢，就像流水沒有固定不變的形狀和流向。能依據敵情變化而取勝的將領，就稱得上用兵如神了。

所以，金、木、水、火、土的五行相生相剋，沒有一方永遠占據優勢，春夏秋冬四季依次交替，沒有哪個季節固定不變。月亮有圓有缺，萬物皆處於流變狀態。

在孫武去世一百多年後，時間來到戰國時代。孫武的後代中，有一名叫孫臏的青年。和自己的祖先一樣，孫臏很喜歡兵法，小小年紀就拜師學藝、苦讀兵書。

孫臏學習兵法時，有一個同窗叫龐涓，他雖然成績也不錯，但跟孫臏的才學相比，還是略遜一籌。

二人學成出師後，龐涓比孫臏先找到了工作，他受到魏惠王的賞識，在魏國擔任了將軍。

之後，龐涓派人把孫臏請到魏國，但他並不是要幫孫臏介紹工作，而是自知才學比不上孫臏，所以才把孫臏弄到自己身邊監視他，以免孫臏為敵國效力。

龐兄，你這是……

哈哈哈，孫兄請放心，你我同窗，外面鉤心鬥角的事由我來應付，你就安心地在我身邊出謀畫策即可。

隨著時間推移，龐涓對孫臏的嫉妒之心沒有變少，反而越來越強烈，他乾脆利用手中的權力捏造罪名，對孫臏處以臏刑和黥（　）刑，也就是剔去孫臏的膝蓋骨，並在孫臏的臉上刺字塗墨。

孫臏無端受此陷害，很想找機會報仇，但自己已經殘疾，手上也沒有實權，只能暫時忍氣吞聲。

直到某一天，齊國的一位使者來到魏國都城，孫臏想辦法偷偷見到了這位使者。

　　對談中，齊國使者被孫臏的談吐和才學深深折服，於是想盡辦法，把孫臏救了出來，偷運到齊國。

　　齊國的大將田忌是個禮賢下士的人，他聽說孫臏到來，就把孫臏請到了自己家作客，並熱情招待他。

田忌經常和齊威王賽馬，但他總是輸。孫臏發現，賽馬是三局兩勝制，參賽的馬匹分為上等馬、中等馬、下等馬三種，但無論哪一種，田忌的馬都沒有齊威王的馬優秀，所以才總是跑不贏。

比賽即將開始，田忌向孫臏詢問制勝方法，孫臏就讓他用下等馬對齊威王的上等馬，用上等馬對齊威王的中等馬，用中等馬對齊威王的下等馬。

這樣一來，田忌雖然首場慘敗，但後面兩場，憑藉馬匹的等級優勢取得小勝，最終三局兩勝，戰勝齊威王，贏得千金賭注。

賽馬過後，田忌正式把孫臏引薦給齊威王。齊威王也佩服孫臏的才華和智謀，拜他為軍師。如此一來，孫臏終於有了向龐涓報仇的機會，因為此時齊國和魏國關係劍拔弩張，兩人又分別在齊國、魏國效力，遲早會在戰場上一決勝負。

在魏惠王時期，地處中原的魏國算得上是一方之霸，但有兩個國家卻威脅著它的地位——西方不斷進逼的秦國，以及東方正在崛起的齊國。

魏惠王覺得秦國不好惹，於是為了國都的安全、擴張魏國在黃河流域的勢力，他將魏國都城從安邑遷到了水系縱橫的大梁，沿著洛水修築防禦工程，對秦國採取守勢。

兩國之間緊張的對峙氛圍，直到魏惠王和秦孝公會談後，才逐漸緩和下來。

對於齊國，魏惠王就沒那麼客氣了，他直接把齊國當成了頭號假想敵，處處針對，諸侯會盟從來不喊齊威王。齊威王也不示弱，直接拉攏、威脅原本依附於魏國的小國，還向他們收取貢品，公開掃魏國的面子。

魏國遷都大梁後，附近的趙、燕等國開始警惕，齊國借機與他們交好，以制衡魏國。魏國為了鞏固自己的地位，也拉攏魯、宋、衛、韓等國，雙方就這樣形成了兩大陣營。

終於雙方爆發衝突：趙國進攻魏國的盟友衛國。魏惠王立即派龐涓討伐趙國，魏軍一路高歌猛進，很快就包圍趙國的都城邯鄲。

魏國大軍壓境，趙國急忙派使者向盟友齊國求援。然而，對於要不要出兵，齊國的大臣們卻意見不一，相國鄒忌主張不救，覺得還是別蹚渾水比較好。

齊威王覺得此計甚妙，於是下令兵分兩路，一路攻打魏國的襄陵，另一路則由田忌、孫臏領兵去救援趙國。

齊威王原本想讓孫臏擔任救趙的軍隊主將，但孫臏以自己受過酷刑，身體殘疾為由拒絕了，於是齊威王就為他安排一輛帳篷車，作為軍師幫忙田忌出謀畫策。

出征後，田忌想和魏軍正面拚個你死我活，但孫臏馬上勸阻他。

想要解開糾纏在一起的雜亂紐結，不能握緊拳頭去捶打；
想要勸阻打架鬥毆的人，勸架的人不能自己加入打鬥。

解圍的訣竅是抓住敵人的關鍵之處，避實擊虛，
攻其要害，使得對方的兵勢受挫，這樣就能控制
整個局面，複雜激烈的戰局也就自然化解了。

魏國為了攻下趙國都城邯鄲，必定傾
全國之力，出動所有精兵強將，那麼
留守國內的就是一些老弱病殘了。

我們如果能南下進攻魏國都城大
梁，魏軍必然回撤救援，這樣邯
鄲之圍就會迎刃而解。

其實孫臏要攻打平陵，正是因為平陵很難被攻克——這是他故意製造給龐涓看的假象。龐涓看到齊軍打平陵，一定會認為齊軍主帥無能、胡亂指揮，產生驕傲大意的情緒。

在孫臏的吩咐下，齊軍兵分兩路佯攻平陵，之後又故意敗下陣來，成功麻痺了魏軍。

之後，孫臏又讓田忌兵分大小兩路，大部隊輕裝奔襲，直奔魏國國都大梁，逼迫龐涓率軍回救。

小部隊阻擊龐涓的援軍，但只許敗不許勝，要裝出一副齊軍很弱、容易擊潰的樣子，讓龐涓麻痺大意，一步步掉入準備好的陷阱中。

　　此時，龐涓剛剛打下邯鄲，大部隊還來不及喘口氣，就聽說自己的國都被攻，情況十萬火急，只好匆匆趕回去救援。

　　沿途龐涓遇到齊軍，卻發現他們不堪一擊，於是他下令丟棄輜重，輕裝疾行。

然而孫臏早在桂陵設埋伏，疲憊又大意的魏軍到來時，以逸待勞的齊軍瞬間殺出，把魏軍打了個落花流水，龐涓也被齊軍生擒。

但實際上，這場桂陵之戰並沒有「圍魏」，也沒有「救趙」。

在桂陵取勝後，齊國為了擴大戰果，拉攏了魏國之前的「小弟」宋國和衛國。最終宋、衛兩國倒戈，和齊國聯手向魏國發起進攻，包圍魏國的重鎮襄陵。

襄陵位於黃淮平原腹地，地勢平坦開闊，非常適合大兵團正面決戰，而這正是魏軍所擅長的，魏軍以重甲的「魏武卒」聞名天下。

在地勢開闊的襄陵，交戰雙方只能正面衝陣，硬碰硬，齊軍縱使有什麼計謀也難以施展；反觀魏軍，因為是自己最擅長的打法，所以得心應手，很快就擊退齊、宋、衛聯軍的第一輪進攻。

更關鍵的是，當戰爭進入白熱化階段時，魏國還找來了韓國當幫手。韓國在齊、宋、衛聯軍的背後發動攻擊。聯軍腹背受敵，很快被打敗了。

戰事不利，齊國只好請強大的楚國出面調停，各國給楚國面子，決定休戰罷兵，被俘的龐涓也回到了魏國再度為將。

第二年，魏國和趙國也冰釋前嫌，魏惠王與趙成侯在漳河邊結盟，魏軍撤出趙國首都邯鄲。

之後的十多年，魏國經過休養生息，實力又回到了足以稱霸中原的程度。此時，秦國的著名政治家、改革家商鞅，向秦王提出先尊魏為王。

之後，商鞅奉秦命遊說魏惠王，勸他先稱王，然後滅掉齊、楚兩國。魏惠王聽從商鞅的話，擺出諸侯之長的排場，想在逢澤舉行諸侯會盟，之後再率眾朝見周天子，坐實自己「諸侯盟主」的地位。

這場諸侯會盟，包括秦國在內的十二個國家都來參加了，但韓國和齊國卻沒來，魏惠王因此大為惱怒。

尤其韓國曾經是魏國的盟友，如今居然不給面子，魏惠王越想越氣，乾脆下令進攻韓國，由此引發了另一場齊魏大戰——馬陵之戰。

關於馬陵之戰，各史料如《史記》《戰國策》《竹書紀年》的記載有不少矛盾之處，學界爭議比較大，難以考證誰才是正確的。下文選用了流傳最廣的《史記·卷六五·孫子吳起列傳·吳起》中的故事版本。

在此版本中，魏惠王派出進攻韓國的將領是龐涓。韓國完全不是魏國的對手，急忙向齊國求援。齊國又派出了孫臏、田忌組合去救韓抗魏，孫臏和龐涓這對冤家再一次在戰場相遇。

這次孫臏又用了和之前類似的策略：不直接救援韓國，讓田忌率軍直搗魏國都城大梁。

龐涓無奈，只好率軍離開韓國去救援大梁。孫臏又向田忌獻了一計。

其實孫臏這樣做，是為了製造齊軍在魏國領地進攻受挫，士兵大量逃亡、人數越來越少的假象。

龐涓率大軍在後面追了三天，看到齊軍挖的灶越來越少，心中大喜，隨後還下令步兵留下，自己率騎兵追擊。

孫臏計算龐涓的進軍速度，預計他晚上會到達馬陵。馬陵地勢險峻、道路狹窄，非常適合設伏。

於是，孫臏派軍中善射的弓弩手夾道埋伏，等晚上見到有火光亮起時，就出來射殺魏軍。

同時，孫臏派人刮下了一棵大樹的樹皮，刻下了「龐涓死於此樹下」幾個大字。夜晚時分，龐涓果然率軍來到馬陵，他看到有棵大樹上面刻著字，就命人舉起燭火查看刻的是什麼。

前面有點怪，去看看！

龐涓死於此樹下

這時，齊軍弓弩手看到火光亮起，馬上萬箭齊發。龐涓連樹上的字都還沒讀完，箭矢就如雨襲來，魏軍瞬間潰不成軍，更別說反擊了。

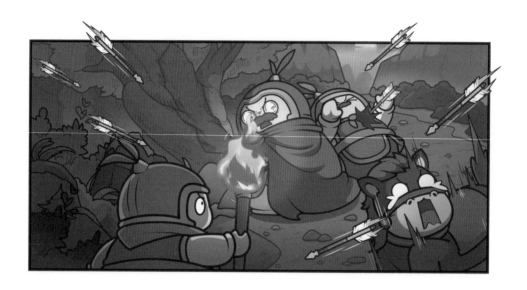

龐涓知道自己在謀略上輸給了孫臏，此時已經無力回天，於是就拔劍自殺了，臨死前還不忘罵了孫臏一句。

孫臏報仇雪恨後，齊軍乘勝追擊，連續大破魏軍，還俘虜了魏國的太子申。

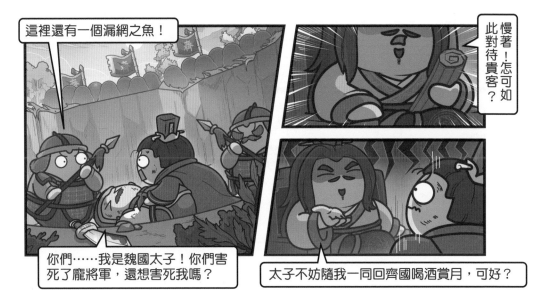

這裡還有一個漏網之魚！

慢著！怎可如此對待貴客？

你們……我是魏國太子！你們害死了龐將軍，還想害死我嗎？

太子不妨隨我一同回齊國喝酒賞月，可好？

經過馬陵之戰，魏國元氣大傷，從此喪失了中原霸主的地位，而齊國的實力、威望大增，一躍成了數一數二的強國。

啪！都沒了

〈虛實篇〉中，孫子著重闡釋一個理論：避實擊虛。

按照前幾篇的「先勝」、「順勢」等理論，你可以立於不敗之地，順應戰局大勢，但到了打起來的時候，該怎樣取得勝利呢？孫子的辦法是：

兵之形，避實而擊虛
出其所不趨，趨其所不意，

被偷襲了？

說白了，就是避開對方強大、準備充分、不好打的地方，專門挑薄弱的、料想不到的要害下手，以此作為突破點，打破僵局，取得全面的勝利。

「圍魏救趙」就是避實擊虛的最典型戰例之一。

孫臏沒有讓齊軍去和魏軍決戰，也沒有真的去攻打魏國的堅城大梁和平陵，甚至沒有去攻打邯鄲、救援趙國──但凡硬碰硬的狀況，他全都避開了。

臭小子！有本事正面來啊！

我偏不，能奈我何？

他做的所有事，最終都指向一個目的。

桂陵

就是讓魏國分出一部分兵馬，掉進自己準備好的埋伏裡。

龐涓攻破邯鄲後，人馬疲憊，還沒來得及休息，就收到國都大梁危急的消息，再怎麼累也只能趕回來救援。

救我！

郭邶

這就是孫子說的「不得不與我戰者，攻其所必救也」。

為了保住好不容易取得的戰果，魏軍不可能放棄邯鄲走人，所以龐涓只帶了一部分兵馬離開邯鄲，迎戰齊軍。在人數上，魏軍就失去了優勢。

即使已經占據許多優勢，孫臏也不跟龐涓正面決戰，而是用了以逸待勞的安全打法。

之後的馬陵之戰，孫臏使用類似的誘敵深入之計，龐涓再次上當。看似很蠢，但減灶「陰謀」的成功，都是建立在進逼大梁「陽謀」的基礎上。

我又要攻擊你的國都了，你就算千里迢迢疲於奔命也得來救。

所謂「避實擊虛」，就是在抉擇突破點的考量中，選擇打擊敵方的薄弱之處。

就像在武俠小說中，很多練了金鐘罩鐵布衫的高手其實都有「罩門」，只要你找到這個弱點並攻擊它，看似刀槍不入的高手也無法招架。

「避實擊虛」的思想運用到生活中，也可以幫我們開闊視野，解決很多難題。

面對錯綜複雜的局面，人們往往會急躁地尋求突破口，卻把自己累個半死，但情況還是一團糟，最後也只能自己煩惱不已。

正如孫臏所說：「想要解開糾纏在一起的雜亂紐結，不能握緊拳頭去捶打；想要勸阻打架鬥毆的人，勸架的人不能自己加入紛爭。」

想突破困境，光靠努力是遠遠不夠的，應該先仔細觀察，看清楚哪裡是「實」和「虛」，並從中找出要害。

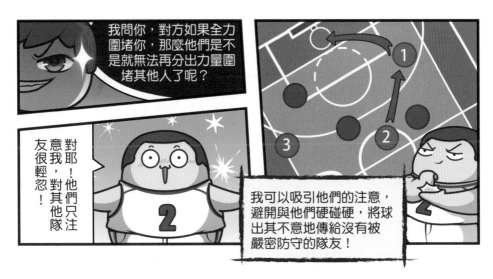

　　當找到正確的突破口時，你就會有一種醍醐灌頂的感覺，紛亂的局面瞬間變得豁然開朗，複雜的難題也將迎刃而解。

【看漫畫學經典】
孫子兵法（上）：作戰、謀攻、軍形、兵勢

作　　　者	賽雷
專業審訂	傅敬軒
責任編輯	胡雯琳
封面設計	FE 工作室
內文排版	簡單瑛設
校　　　對	呂佳真
印務部	江域平、黃禮賢、李孟儒

出　　　版	晴好出版事業有限公司
總編輯	黃文慧
副總編輯	鍾宜君
編　　　輯	胡雯琳
行銷企畫	吳孟蓉
地　　　址	104027 台北市中山區中山北路三段 36 巷 10 號 4 樓
網　　　址	https://www.facebook.com/QinghaoBook
電子信箱	Qinghaobook@gmail.com
電　　　話	（02）2516-6892　　傳　真｜（02）2516-6891

發　　　行	遠足文化事業股份有限公司（讀書共和國出版集團）
地　　　址	231023 新北市新店區民權路 108-2 號 9 樓
電　　　話	（02）2218-1417　　傳　真｜（02）2218-1142
電子信箱	service@bookrep.com.tw
郵政帳號	19504465（戶名：遠足文化事業股份有限公司）
客服電話	0800-221-029　　團體訂購｜02-22181417 分機 1124
網　　　址	www.bookrep.com.tw
法律顧問	華洋法律事務所／蘇文生律師
印　　　製	凱林印刷

國家圖書館出版品預行編目 (CIP) 資料

(看漫畫學經典) 孫子兵法 . 上 : 作戰、謀攻、軍形、兵
勢 / 賽雷著 . -- 初版 . -- 臺北市 : 晴好出版事業有限公司
出版 ; 新北市 : 遠足文化事業股份有限公司發行 , 2024.07
248 面 ; 17×23 公分

ISBN 978-626-7396-85-8(平裝)

1.CST: 孫子兵法　2.CST: 漫畫

592.092　　　　　　　　　　　　　　　　113007266

初版一刷	2024 年 7 月
定　　　價	450 元
Ｉ Ｓ Ｂ Ｎ	978-626-7396-85-8
Ｅ Ｉ Ｓ Ｂ Ｎ	978-626-7396-91-9（PDF）
Ｅ Ｉ Ｓ Ｂ Ｎ	978-626-7396-92-6（EPUB）